生命科学实验指南系列

Methods in Yeast Genetics

酵母遗传学方法实验指南

（第二版）

〔美〕 D. C. 安伯格 等 编著

霍克克 主译

科学出版社

北 京

图字：01-2006-3352 号

内 容 简 介

本书作为冷泉港实验室出版社的经典酵母实验教程的第二版，收录了酵母研究中最常用的减数分裂作图、转化、基因置换等 11 个实验，以及酵母蛋白抽提、活体染色、RNA 分离等 28 种技术方法。文字简洁明了，内容全面而详细，兼顾经典和前沿，是该领域的权威之作。

适合于大学院校、科研单位的教师、学生及研究人员作为实验指导书，亦可供从事酵母相关生物制品行业的科技人员参考。

Methods in Yeast Genetics, 2005 Edition
By David C. Amberg, Daniel J. Burke, Jeffrey N. Strathern

图书在版编目(CIP)数据

酵母遗传学方法实验指南（第二版）/（美）安伯格（Amberg，D. C.）等编著；霍克克主译. —北京：科学出版社，2009
（生命科学实验指南系列）
ISBN 978-7-03-022605-1

Ⅰ. 酵… Ⅱ. ①安…②霍… Ⅲ. 酵母菌科-微生物遗传学-实验-指南 Ⅳ. Q949.326.103-33

中国版本图书馆 CIP 数据核字（2008）第 113137 号

责任编辑：李 晓 莫结胜 李晶晶/责任校对：李奕萱
责任印制：赵 博/封面设计：耕者设计工作室

科学出版社出版
北京东黄城根北街 16 号
邮政编码：100717
http://www.sciencep.com
北京华宇信诺印刷有限公司印刷
科学出版社发行 各地新华书店经销
*
2009 年 1 月第 一 版 开本：787×1092 1/16
2025 年 3 月第五次印刷 印张：12 3/4
字数：277 000
定价：128.00 元
（如有印装质量问题，我社负责调换）

本书译者名单

主　　译：霍克克

翻译和审校人员：（按姓氏汉语拼音排序）

霍克克　李　琳　马　琪　石羽杰

王佳琦　吴冬华　伍慧玲　严　晶

张　迪　周　莉

译 者 序

酵母菌是一种单细胞真核生物。它既有一切真核细胞生命活动最基本的重要特征，又有实验微生物所具备的背景清楚、生长迅速、易于操作等许多优点。现今遗传学、生物化学和细胞生物学中的许多规律性认识都是以酵母为研究材料得出的。酵母菌是世界上首个被测出基因组 DNA 全序列的真核生物，在其 6607 个可读框（ORF）中已有 4752 个得到了证实，其中许多是与细胞基本生命活动密切相关的重要基因，在结构与功能方面与高等真核生物有很强的进化保守性。至今已发现有约 300 种蛋白质在人与酵母中是同等功能的，其中许多与人类疾病相关蛋白是类似的。因此，以酵母为模型研究高等真核生物的重要生理功能和疾病发生发展的分子机理，以及寻找药物作用靶点等都有其独特的优势。此外，基于酵母菌研究的模式生物技术（如基因敲除、基因功能补偿和酵母双杂交技术等）在生命科学的研究中，尤其是在后基因组时代对基因功能的研究中，得到了广泛的应用。随着当代生命科学的发展，酵母菌作为一种模式生物的实用性和高效性在科研实践中得到了充分体现。

美国冷泉港实验室（Cold Spring Harbor Laboratory）被称为世界生命科学的圣地与分子生物学的摇篮，为全球影响最大的十大研究机构之一；同时，冷泉港实验室还是国际生命科学的会议中心与培训基地，经过这里培训的优秀科学家如今已遍布全球各地。《酵母遗传学方法实验指南》就是冷泉港实验室组织该领域知名学者合编的一本培训教程，迄今已有 47 年的历史，其间已更新再版多次，以及时适应这个领域的最新进展。本教程最大的特点在于其权威性、全面性和可操作性，它将酵母经典遗传学和分子生物学实验的基本原理与操作方法都做了详尽的介绍。因此，无论对于专业科研人员还是初学者，都是一本不可多得的必备参考书。

参与本书翻译的人员主要是正在从事酵母遗传学和分子生物学工作的研究生和博士后，由于译者的翻译水平有限，译文中难免存在错误和不妥之处，敬请读者批评指正。

复旦大学生命科学学院
遗传工程国家重点实验室
霍克克
2008 年 12 月

原 著 序

本实验指南收录了以往“冷泉港酵母遗传课程（Cold Spring Harbor Yeast Genetics Courses）”的重要内容。尽管目前大部分实验已经进行了修订，并且增加了一些新的实验技术，但这本教程的思路和结构 30 年来从未改变。在此，感谢我们的前辈 Fred Sherman、Gerry Fink、Jim Hicks、Cal McLaughlin、Brian Cox、Mark Rose、Fred Winston、Phil Hieter、Susan Michaelis、Aaron Mitchell、Alison Adams、Chris Kaiser、Dan Gottschling、Tim Stearns、Dean Dawson 和 Orna Cohen-Fix，他们在执教生涯中使这本教程成为酵母遗传学研究的重要参考书。同时，我们还要对 Mike Cherry 在遗传和物理图谱方面的宝贵协助表示感谢。

Dave Amberg
Dan Burke
Jeff Strathern

前　言

自上一版指南出版以来，新的基因组学和蛋白组学技术广泛采用酿酒酵母（*Saccharomyces cerevisiae*）作为实验材料。由于将这些方法完全融入一个为期三周的实验教程显然比较困难，因此我们在本书中只将一些最权威的方法收录在实验部分，技术和方案部分也尽可能地详尽。然而，大多数的最新技术只是一个起点，需要随后经典酵母遗传学的分析，基于这一理由，本书大部分内容与之前的版本没有本质上的改变。酵母模式生物系统的重要性在于它的有性生殖周期、能做四分体分析和很高的同源重组率。我们希望本书能继续作为有效开展酵母遗传实验的资源。

本书实验部分添加了更多的活体染色剂，如内吞隔室的 FM4-64 染色法和绿色荧光蛋白（GFP）标记蛋白的显影（实验一）。在实验七（基因置换）中，我们采用了 Boone 实验室首先描述的系统遗传分析（SGA）方法，即用合成致死分析的方法研究基因功能。现代化的基因置换实验采用新的药物抑制标记物如 kanMX6，以及源于相关酵母但不易与酿酒酵母（*S. cerevisiae*）基因座重组的标记物，如粟酒酵母 *his 5*$^+$（*S. pombe his 5*$^+$）。*ras 2* 抑制基因的分离中添加了高拷贝抑制物以考察这种方法对信号通路的影响（实验八）。双杂交实验被另一种基于双杂交但能识别功能突变分离的方法所取代（实验十一）。在技术和方案部分，我们增加了一种源于 Seraphin 实验室（Rigaut et al. 1999）首先研发的串联亲和蛋白标记的蛋白纯化技术（技术与方案 5），以及一种采用双融合聚合酶链式反应做到的基因裂解技术（技术和方案 14）。本书也提到了如何处理在系统研究中产生的大量酵母菌株，酵母缺陷株的保藏就是一个例子。我们也收录了提取蛋白质和菌落 PCR 的更简便可信的方法。我们还添加了一种改进的流式细胞计量术，该方案中采用了 Steve Haase（Haase and Reed　2002）提到的 SYTOX Green 染料；同时我们还添加了一些操作大肠杆菌（*E. coli*）的基本方案，以用于一些新实验或改进实验（DNA 小量制备和转化实验）。最后，考虑到传统工具和网络工具的更新改革极为迅速，我们在本前言之后列出了许多有参考价值的文献、书籍名称和网址。

20 世纪 30 年代，Winge 及其同事首创了酵母遗传学研究。约 10 年后，Lindegren 及其同事也开始了全面的研究工作。这两个研究小组的工作揭示了酵母遗传学研究的基本原理和基本方法。今天，酵母被广泛认为是一种理想的用于生化和遗传学研究的真核微生物。尽管酵母比细菌的遗传性状复杂得多，但许多用于原核微生物及其病毒的分子遗传学技术与进展同样适合于酵母研究。酵母特别适合于遗传学研究的一些属性包括：存在稳定的单倍体和二倍体细胞，生长快速，无性繁殖，与非同源末端连接物结合的高同源重组率，简便的平板影印，突变体分离以及通过微解剖四分体子囊分离得到减数分裂的各单倍体产物的能力。酵母已被成功地应用于遗传学研究的各个领域，如诱变、重组、染色体分离、基因表达和调控，以及一些明显独特于其他真核生物系统的方面，如线粒体遗传学等。

DNA 转化使酵母可以很容易地用于基因克隆和基因工程技术。与任何一种遗传学特征相对应的结构基因都可通过与质粒文库的互补作用被鉴定出来。DNA 引进酵母细胞时既可以是自主复制的分子，也可以整合到基因组。与大多数其他生物相比，酵母中转化 DNA 的整合重组主要是通过同源重组的方式，这样就可以有目的、高效率地将 DNA 序列整合到基因组中。同源重组结合高水平的基因转化已经使得用基因工程 DNA 序列直接置换正常染色体基因座的技术得到发展。这种简便的直接基因置换技术在真核生物中是独一无二的，并已被广泛用于酵母遗传学、细胞生物学、生理学以及生物化学的各个方面。《酶学方法》（*Methods in Enzymology*）第 194 卷（Guthrie and Fink 1991）和第 350～351 卷（Guthrie and Fink 2002）及 Rose（1995）的著作对现代遗传学的许多技术进行了综述。

酿酒酵母基因组 DNA 全序列的测定和全系列缺失突变体的构建是现代酵母遗传学的最新研究成果。这个全序列汇集入公开的序列数据库后，酵母成为对真核生物细胞学功能和基因组精细研究的首选生物。一些因特网网址提供了方便而有序地进入序列数据库的途径，如酵母基因组数据库（*Saccharomyces* Genome Database，SGD）和慕尼黑蛋白质序列信息中心（Munich Information Center for Protein Sequences，MIPS）。这些网络资源通过强大的搜索功能来扩大序列数据库，其搜索功能包括：基因组分析、相关数据库的链接，如参阅文献数据库或酵母基因产物的蛋白质结构数据库。另外，在酵母蛋白质数据库（Yeast Protein Database，YPD）中存有每种酵母蛋白质的数据，并能预测可读框的结构信息以及基因突变伴随的表型突变。

名为《酿酒酵母的分子生物学》（*The Molecular Biology of the Yeast Saccharomyces*）（Strathern et al. 1981，1982）和《酿酒酵母的分子细胞生物学》（*The Molecular and Cellular Biology of the Yeast Saccharomyces*）（Broach et al. 1991；Jones et al. 1992；Pringle et al. 1997）的两套评论性丛书是关于酿酒酵母生物学非常有用的书籍。后一套丛书中某些章节收集了自第一套丛书出版以来的新进展，而这两套丛书的每一卷都综合了大量酵母生物学文献的详细评论，这些内容是在其他任何地方都找不到的。每一位酵母生物学家都应该收藏这 5 本书。此外，《酵母遗传学初论》（*The Early Days of Yeast Genetics*）（Hall and Linder 1993）也值得一读，因为它以历史的眼光揭示了为什么酵母会成为一种模式生物，并描述了酵母遗传学研究的发展对现代遗传学和真核生物分子生物学的影响。

本书全面而集中地介绍了面包酵母菌——酿酒酵母。读完本书后，读者应该能够运用酵母遗传学家常用的技术，比较轻松地领会各种有关文献。除子囊解剖外，大多数技术方法与操作其他微生物没有太大差别。因此，这些技术稍加实践便可很快掌握。本书中所有实验都将分为两人一组，且尽可能使比较熟悉微生物技术的研究者搭配一个缺乏经验的同伴。由于大多数实验内容安排在本书的上半部分，故建议大家仔细通读本书。请注意：一些实验由于需要进行连续培养，将会持续数天。

值得强调的是，在本书里，一些操作程序为了节约时间已经简化，并非是研究工作所必须遵循的操作标准。例如，突变株通常经亚克隆起始菌株得以纯化。另外，有些技术也许不能直接解决科研问题，但它们有助于阐明基本原理和方法。

推荐阅读资料

Bartel P.L. and Fields S. 1997. *The yeast two-hybrid system*. Oxford University Press, United Kingdom.

Broach J.R., Jones E.W., and Pringle J.R. 1991. *The molecular and cellular biology of the yeast* Saccharomyces. I. *Genome dynamics, protein synthesis, and energetics*. Cold Spring Harbor Laboratory Press, Cold Spring Harbor, New York.

Campbell I. and Duffus J.H. 1988. *Yeast: A practical approach*. IRL Press, Oxford.

Fincham J.R.S., Day P.R., and Radford A. 1979. *Fungal genetics*. University of California Press, Berkeley.

Guthrie C. and Fink G.R., eds. 1991. Guide to yeast genetics and molecular biology. *Methods Enzymol.*, vol. 194.

———. 2002. Guide to yeast genetics and molecular and cell biology. *Methods Enzymol.*, vol. 350, Part B.

———. 2002. Guide to yeast genetics and molecular and cell biology. *Methods Enzymol.*, vol. 351, Part C.

Haase S.B. and Reed S.I. 2002. Improved flow cytometric analysis of the budding yeast cell cycle. *Cell Cycle* **1:** 132–136.

Hall M.N. and Linder P. 1993. *The early days of yeast genetics*. Cold Spring Harbor Laboratory Press, Cold Spring Harbor, New York.

Johnston J.R. 1994. *Molecular genetics of yeast: A practical approach*. IRL Press, Oxford.

Jones E.W., Pringle J.R., and Broach J.R. 1992. *The molecular and cellular biology of the yeast* Saccharomyces. II. *Gene expression*. Cold Spring Harbor Laboratory Press, Cold Spring Harbor, New York.

Pringle J.R., Broach J.R., and Jones E.W. 1997. *The molecular and cellular biology of the yeast* Saccharomyces. III. *Cell cycle and cell biology*. Cold Spring Harbor Laboratory Press, Cold Spring Harbor, New York.

Rigaut G., Shevchenko A., Rutz B., Wilm M., Mann M., and Seraphin B. 1999. A generic protein purification method for protein complex characterization and proteome exploration. *Nat. Biotechnol.* **10:** 1030–1032.

Rose M.D. 1995. Modern and post-modern genetics in Saccharomyces cerevisiae. In *The yeasts*, 2nd edition (ed. A.E. Wheals et al.), vol. 6, pp. 69–120. Academic Press, New York.

Strathern J.N., Jones E.W., and Broach J.R., eds. 1981. *The molecular biology of the yeast* Saccharomyces: *Life cycle and inheritance*. Cold Spring Harbor Laboratory, Cold Spring Harbor, New York.

———. 1982. *The molecular biology of the yeast* Saccharomyces: *Metabolism and gene expression*. Cold Spring Harbor Laboratory, Cold Spring Harbor, New York.

Tong A.H., Evangelista M., Parsons A.B., Xu H., Bader G.D., Page N., Robinson M., Raghibizadeh S., Hogue C.W., Bussey H., Andrews B., Tyers M., and Boone C. 2001. Systematic genetic analysis with ordered arrays of yeast deletion mutants. *Science* **294:** 2364–2368.

实用网络资源

The Brown Lab Microarray Resource
http://cmgm.stanford.edu/pbrown/

The Definitive Yeast Transformation Homepage
http://www.umanitoba.ca/faculties/medicine/biochem/gietz/Trafo.html

European *Saccharomyces cerevisiae* Archive for Functional Analysis
http://www.uni-frankfurt.de/fb15/mikro/euroscarf/col_index.html

GRID (database of Genetic and Physican Interactions and Osprey Network Visualization Software)
http://biodata.mshri.on.ca/grid/servlet/Index

Incyte Proteome BioKnowledge Library
http://www.incyte.com/control/researchproducts/insilico/proteome

Munich Information Center for Protein Sequences
http://mips.gsf.de/genre/proj/yeast/index.jsp

Saccharomyces Genome Database
http://www.pathway.yeastgenome.org/

TRIPLES (database of Transposon-Insertion Phenotypes, Localization, and Expression in *Saccharomyces*)
http://ygac.med.yale.edu/triples/

The University of Washington Yeast Resource Center
http://depts.washington.edu/~yeastrc/

Yeast GFP Fusion Localization Database
http://yeastgfp.ucsf.edu/

目　录

遗传学命名法

染色质基因

用于酵母遗传学中的术语和习惯用语的早期提法已经被 Sherman 和 Lawrence (1974) 及 Sherman (1981) 总结过了。通常，基因符号与 Demerec 等 (1966) 提出的标准一致，即用三个斜体字母命名（如 *arg*）。与 Demerec 的标准不同的是，遗传学基因座将由基因符号后加一个数字（而非字母）来表示（如 *arg2*）。显性等位基因用三个都大写的斜体字母的基因符号来表示（如 *ARG2*）。都小写的字母则表示隐性等位基因（如营养缺陷型 *arg2*）。野生型基因由一个上标加号表示（$sup6^+$或$ARG2^+$）。等位基因是由连字符把一个数字和一个基因座数字分开来表示的（如 *arg2-14*）。基因座序号与最初的分配是一致的；但等位基因序号对个别实验室可以是特定的。

表型名称通常用带有上角“＋”或“－”的罗马字体基因符号注明。例如，精氨酸非依赖型和需求型可以被分别注明为 Arg^+ 和 Arg^-。

下面举例说明了用于酿酒酵母（*S. cerevisiae*）的遗传术语的惯例。

ARG2	一个基因座或显性等位基因
arg2	一个表型为精氨酸需求型的基因座或隐性等位基因
$ARG2^+$	该基因为野生型等位基因
arg2-9	一个特定等位基因或在 *ARG2* 基因座的突变体
Arg^+	不依赖精氨酸的株系
Arg^-	依赖精氨酸的株系
Arg2p	指示为 *ARG2* 基因的蛋白产物

对于这些一般的规则而言，还存在大量的例外。基因簇、同一基因内的互补群或一个基因内具有不同特征的区域都能够用基因座序号加上大写字母来表示（如 *his4A*，*his 4B*）。伴随酵母重组 DNA 技术的广泛使用，出现了一种适合于基因插入、基因融合和质粒命名的方法。

ARG2 ∷ *LEU2*	*LEU2* 基因插入在 *ARG2* 基因座，插入没有破坏 *ARG2* 的功能
arg2 ∷ *LEU2*	*LEU2* 基因插入在 *ARG2* 基因座，插入破坏了 *ARG2* 的功能
arg2-101 ∷ *LEU2*	*LEU2* 基因插入在 *ARG2* 基因座，插入破坏了 *ARG2* 的功能，并且标明了被破坏等位基因的位置
arg2Δ0 ∷ *LEU2*	*LEU2* 基因插入在 *ARG2* 基因座，插入破坏了 *ARG2* 的功能是由于准确地替换了 *ARG2* 的整个可读框
cyc1-arg2	*CYC1* 和 *ARG2* 发生基因融合，融合后每个基因均无功能
P_{cyc1}-*ARG2*	在 *CYC1* 基因的启动子和 *ARG2* 间发生基因融合，结果是 *ARG2* 基因具有功能
[YCp-*ARG2*]	携带有一个功能性的 *ARG2* 基因座的着丝粒质粒
[pCK101]	指一个特定的质粒，它的结构可查

虽然应该避免上标的使用，但有时为了方便也会用上标 R 或 S 来区别基因的敏感

性和抗性。例如，控制刀豆氨酸硫酸盐抗性（*CAN1*）、硫酸铜抗性（*CUP1*）及其敏感性等位基因可以分别用 $can^{R}1$、$CUP^{R}1$、$CAN^{S}1$ 和 $cup^{S}1$ 来表示。

接合型的野生型和突变型等位基因以及相关座位并不遵从标准法则。接合型座位的两个野生型等位基因被指定为 *MAT***a** 和 *MATα*。注意小写字母"**a**"是粗体非斜体，"*α*"是斜体非粗体字母。*MATα* 座位的两个互补群被注明为 *MATα1* 和 *MATα2*。*MAT* 基因的突变被注明为 *mat***a***-1* 和 *matα1-1*。在 *HMR* 和 *HML* 座位的野生型同宗配合（homothallic）等位基因被注明为 *HMR***a**、*HMRα*、*HML***a** 和 *HMLα*。这些位点的突变被注明为 *hmr***a***-1*、*hmlα-1*。*MAT***a** 和 *MATα* 细胞的接合表型可以分别注明为 **a** 和 *α*。

显性和隐性抑制子应该分别由三个大写或小写字母后跟一个座位名来注明（如 *SUP4*、*SUF1*、*sup35*、*suf11*）。在某些例子中，UAA 抑制子和 UAG 抑制子在座位名后被分别多加一个 o 和 a。例如，*SUP4*-o 指的是在 UAA 位置插入酪氨酸残基的 *SUP4* 座位的抑制子，而 *SUP4*-a 指的是在 UAG 位置插入酪氨酸残基的同一个 *SUP4* 座位的抑制子。相应的编码正常酪氨酸 tRNA 并且缺少抑制子活性的野生型座位可以被注明为 $sup4^{+}$。因此，在酵母中描述抑制子和野生型等位基因的术语与用于细菌中的术语无关。例如，在 UAA 和 UAG 位置插入酪氨酸残基的赭石大肠杆菌抑制子被注明为 su_4^{+}，编码正常酪氨酸 tRNA 并且缺少抑制子活性的野生型座位可以被注明为 Su_4、su_4^{-} 或 *supC*。

对于大多数编码蛋白的结构基因，功能性野生型等位基因对于它的突变型通常是显性的。在酵母中，显性基因的惯例是使用如 *HIS4* 和 *LEU2* 的斜体符号。由于隐性突变位置经常被用于遗传图谱，因此出版的染色体图谱经常含有基因的突变型。例如，3 号染色体含有 *his4* 和 *leu2*，然而 9 号染色体含有 *SUP22* 和 *FLD1*。因为大写字母被用来代表控制相同性状的显性野生型基因（如 *SUC1*、*SUC2*），并且，因为显性形式被用于遗传图谱，所以，染色质座位在遗传图谱上被注明为大写字母。此外，大写字母被用于指示一定的 DNA 片段，它的位置已经被重组 DNA 技术和经典作图法共同决定了（如 *RDN1*，编码核糖体 RNA 的片段）。

非孟德尔遗传因素

必要时，非孟德尔基因型可以用括号包围起来以便与染色质基因型加以区别。无论何时使用，都建议使用上述原则来命名非孟德尔基因，并且避免使用希腊字母。然而，当涉及一个完全的非孟德尔遗传因素时，最好分别保留最初符号 [ρ^{+}]、[ρ^{-}]、[ψ^{+}] 和 [ψ^{-}]，或者使用它们音译 [*rho*$^{+}$]，[*rho*$^{-}$]，[*PSI*$^{+}$] 和 [*psi*$^{-}$]。对于线粒体突变子的详细命名在 Dujon（1981）和 Grivell（1984、1990）的文献中已经提到，对放毒菌株的命名在 Wickner（1981）的文献中提到。与其他非孟德尔遗传因素不同的是，[*PSI*$^{+}$] 和 [*URE3*] 不是基于核酸的不同，更恰当地说，[*PSI*$^{+}$] 和 [*URE3*] 的性状来自于蛋白质的可遗传性的构象状态。这些性状的与众不同的行为可以用普里昂假说（prion hypotlesis）来解释，普里昂假说现在已被用来解释诸如在哺乳动物中的传染性神经退化疾病，如羊瘙痒症（Lindquist 1997）。[*PSI*$^{+}$] 相应于一个翻译终止因子 Sup35p 的可遗传构象状态，而 [*URE3*] 相应于产物参与氮调节的基因 *URE2* 的可遗传的无活性状态。已知的酵母中非孟德尔遗传因素列在表 1 中。

表 1 酵母中的非孟德尔遗传因素

野生型	突变变异体	成分	突变性状
[ρ^+]	[ρ^-]	线粒体 DNA	呼吸缺陷
[*KIL*-k_1]	[*KIL*-o]	RNA 质粒	对杀伤毒素敏感
[cir^+]	[cir^o]	2μ 质粒	无
[psi^-]	[PSI^+]	Sup35p 的普里昂形式	增强无义密码子的抑制
[$ure3^-$]	[*URE3*]	Ure2p 的普里昂形式	脲基琥珀酸吸收紊乱

遗传背景

在设计实验时，酿酒酵母菌株来源的遗传背景经常是基因型不被注意的一个方面，它其实应该被考虑到。在现代遗传学研究中用到的大多数菌株来自一小组遗传背景之一，包括 S288C，X2180，A364a，W303a，Σ1278b，AB972，SK1 和 FL100。20 世纪 40 年代，在野生酵母和酿酒菌株间进行杂交（Mortimer and Johnston 1986）的基础上，近来对这些遗传背景中的一些系谱进行了重新构建。这个分析显示，尽管大多数遗传背景享有共同的祖先，由于异型远交，仍引起了显著的遗传异质性。实际上，远源菌株间的杂交经常导致等位基因产生不利于存活的组合方式，从而产生许多不能生长的孢子，但遗传背景相同的菌株之间的杂交所产生的孢子，其存活率通常达 95%以上。菌株 S288C 和 A364a 遗传背景具有相似的谱系，且杂交后产生的孢子存活率很高，但通过对这些菌株的基因组序列分析发现，基因组 DNA 上平均每 1kb 有 3.4 个核苷酸序列的差异。因此，即使亲缘关系非常接近的菌株，也会在许多位点上不有所同。

不同菌株背景间的等位基因差别能严重影响很多不同类型实验的结果，因此尽可能通过使用单一遗传背景的菌株来避免遗传异质性。在开始寻找新突变体时，值得考虑的是使用哪种菌株背景——通常在同一个研究领域内被大多数研究人员用到的菌株是最好的选择。S288C 或许是最被普遍使用的，然而，其他遗传背景的菌株在特定类型的实验中有其独特的优势。例如，Σ1278b 将形成假丝，而 S288C 不会，并且 SK1 比 S288C 更快形成孢子。通常需要将目标突变从一种背景移到另一种背景时，理想的可以通过用重组质粒和实验七中描述的基因置换的方法来进行。没有被克隆的突变体可以通过与想要背景的菌株回交来得到（通常为了得到想要的性状，执行连续回交直到明晰的分离型 2∶2时）。

参考文献

Demerec M., Adelberg E.A., Clark A.J., and Hartman P.E. 1966. A proposal for a uniform nomenclature in bacterial genetics. *Genetics* **54:** 61–76.

Dujon B. 1981. Mitochondrial genetics and functions. In *The molecular biology of the yeast* Saccharomyces: *Life cycle and inheritance* (ed. J.N. Strathern et al.), pp. 505–635. Cold Spring Harbor Laboratory, Cold Spring Harbor, New York.

Grivell L.A. 1984. Restriction and genetic maps of yeast mitochondrial DNA. In *Genetic maps*, 3rd edition (ed. S.J. O'Brien), pp. 234–247. Cold Spring Harbor Laboratory, Cold Spring Harbor, New York.

———. 1990. Mitochondrial DNA in the yeast *Saccharomyces cerevisiae*. In *Genetic maps*, 5th edition (ed. S.J. O'Brien), pp. 3.50–3.57. Cold Spring Harbor Laboratory Press, Cold Spring Harbor, New York.

Lindquist S. 1997. Mad cows meet psi-chotic yeast: The expansion of the prion hypothesis. *Cell* **89:** 495–498.

Mortimer R.K. and Johnston J.R. 1986. Genealogy of principal strains of the yeast genetic stock center. *Genetics* **113:** 35–43.

Sherman F. 1981. Genetic nomenclature. In *The molecular biology of the yeast* Saccharomyces: *Life cycle and inheritance* (ed. J.N. Strathern et al.), pp. 639–640. Cold Spring Harbor Laboratory, Cold Spring Harbor, New York.

Sherman F. and Lawrence C.W. 1974. *Saccharomyces*. In *Handbook of genetics: Bacteria, bacteriophages, and fungi* (ed. R.C. King), vol. 1, pp. 359–393. Plenum Press, New York.

Wickner R.B. 1981. Killer systems in *Saccharomyces cerevisiae*. In *The molecular biology of the yeast* Saccharomyces: *Life cycle and inheritance* (ed. J.N. Strathern et al.), pp. 415–444. Cold Spring Harbor Laboratory, Cold Spring Harbor, New York.

实验一　酵母细胞的观察

酵母细胞的直径大约 5 μm，它们的很多重要特征在光学显微镜下都能够观察到。在实验室中，最好定期在相差显微镜下观察酵母培养物，以掌握细胞的生理状态以及污染情况。很多现代酵母细胞生物学研究采用复杂检测方法，用蛋白质特异抗体或特异结合某些细胞器的荧光染料对酵母细胞染色，近来，开始使用绿色荧光蛋白（GFP）与感兴趣的酵母蛋白进行融合来标记细胞。本实验会提供一些将光学显微镜用于酵母细胞检测的标准类型例子。

培养物的检测

生长特性

酿酒酵母（*Saccharomyces cerevisiae*）细胞以出芽方式生长。出芽细胞称为母细胞，新产生的芽有时被指作子细胞。细胞生长刚刚开始时，母细胞上出现的新芽处于细胞周期的开始阶段，并且不断生长直到细胞生长周期结束时才从母细胞上分离下来。由于一个酵母细胞的全部生长都集中于芽，而且这种生长实际上贯穿整个细胞周期，故通过观察芽的大小就可以粗略估计出一个给定细胞处于细胞的什么阶段。在以指数生长的酵母细胞培养物中，大约有 1/3 的细胞无芽，1/3 细胞有小芽，1/3 细胞出现大芽。当生活细胞耗尽营养物后，它们就会像未出芽细胞一样停止生长而滞留在细胞周期的某个阶段。因此，掌握培养物生长状态的一种简单方法就是在显微镜下确定出芽细胞的频率。注意，对某些菌株而言，尽管它们已经完成了胞质分裂，但其母细胞和子细胞仍黏附在一起。在这种情况下，镜检前必须对培养物进行振荡或超声波处理以分开细胞。许多种类的突变子会停滞在细胞周期的某个阶段，从某种意义上讲，这也是它们的一种表型特征。例如，有丝分裂纺锤体缺陷的细胞会以带有大芽的形态停滞生长，通常从这点可以判断细胞正处于细胞周期的有丝分裂阶段。需要着重指出的是，突变细胞的停滞点或最终表型在形态上和正常培养物中的其他任何表型都不相同。在上述有丝分裂突变子中，母细胞和子细胞在停滞点处继续生长，结果两者均比正常酵母细胞要大得多。

单倍体和二倍体的比较

酵母单倍体和二倍体细胞（图 1.1）在形态学上十分相似，但也存在几点重要的差异。①二倍体细胞比单倍体细胞大。二倍体细胞胞质体积成倍增长，并且细胞直径大约是单倍体细胞的 1.3 倍，当单倍体与二倍体细胞并排在一起进行比较时，就会很容易发现它们的差异。由于二倍体细胞比较大，所以它们（某些情况下甚至为四倍体细胞）经常用来做荧光镜检，此时其比较大的形态有助于分辨小的细胞结构。②在形态上二倍体细胞呈长形或卵圆形，而单倍体细胞通常近似圆形。③二倍体和单倍体细胞的出芽方式不同。酵母细胞在衰老前一般出芽 20 次，在母细胞表面以定型的方式连续出芽。单倍体细胞以沿轴向的方式出芽，每个芽与前一个芽紧密相连。二倍体细胞以极向的方式出芽，连续的芽可出现在长形的母细胞的任何一端。用荧光增白剂 Calcofluor 处理细胞后就可以看出细胞的出芽方式。Calcofluor 是一种可以结合到几丁质环上的荧光化合物，而几丁质环则在原来的芽上。这些几丁质环被称为芽痕，我们用 Calcofluor 处理单倍体和二倍体细胞，就可以看出芽痕的轴向或极向方式增长。

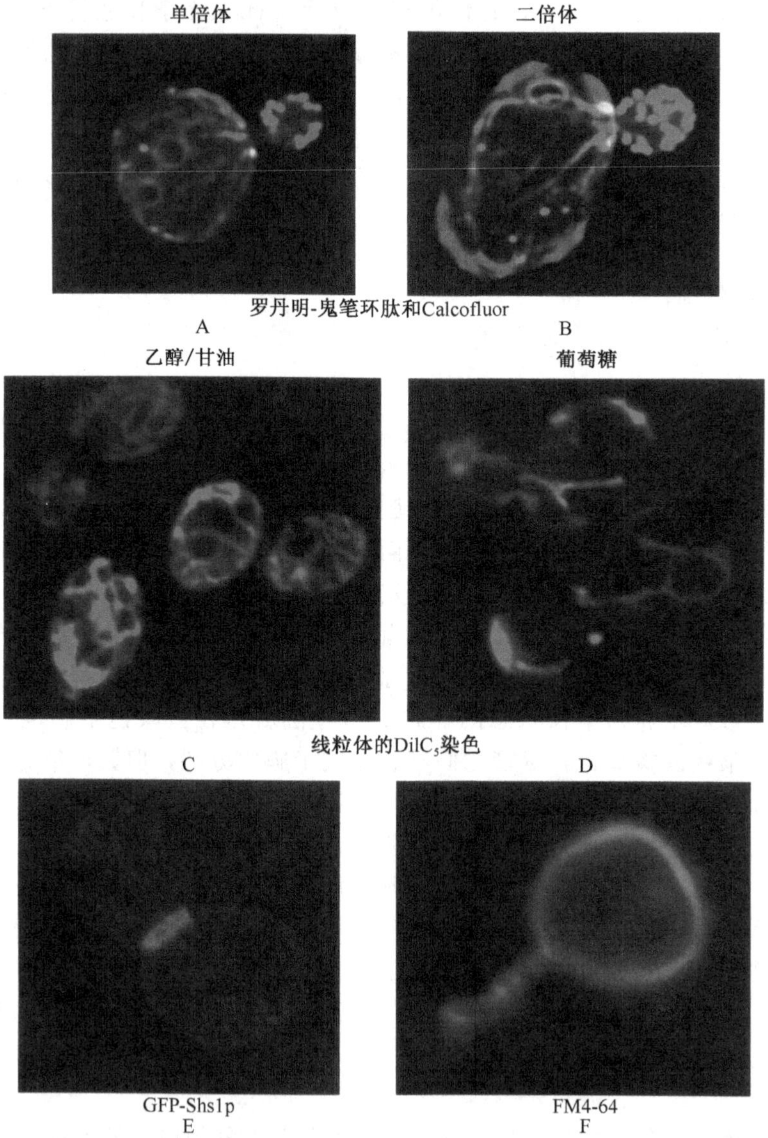

图 1.1　荧光显微镜图例

上面一组显示通过用罗丹明-鬼笔环肽对肌动纤维和用 Calcofluor 对几丁质/芽痕的双标记比较单倍体（A）和二倍体（B）细胞。注意细胞大小的不同和出芽方式。中间一组显示用 DiIC$_5$（3）染生长在可发酵碳源（葡萄糖，D）和非发酵性碳源（乙醇/甘油，C）上细胞的线粒体。注意不可发酵碳源上细胞的线粒体的细微处。E 显示标明 septin 环的 GFP-Shs1p 融合荧光蛋白。F 显示用 FM4-64 染色的细胞标明液泡膜（见封面图）。

交配细胞

酵母细胞有三种交配型：$MAT\mathbf{a}$ 和 $MAT\alpha$，这两种细胞能够互相交配形成第三种交配型 $MAT\mathbf{a}/\alpha$。$MAT\mathbf{a}/\alpha$ 细胞不能与 $MAT\mathbf{a}$ 或 $MAT\alpha$ 中的任何一种交配。一般情况下，菌株 $MAT\mathbf{a}$ 和 $MAT\alpha$ 为单倍体，菌株 $MAT\mathbf{a}/\alpha$ 为二倍体，但有时也不一定，不能仅仅从染色体的倍性来判断细胞的交配型。在两种细胞交配的初期，双方交换信息素，这使得细胞如同无芽细胞一样停滞在细胞周期的某个阶段，并诱导交配所需的蛋白质表达。信息素也会使细胞在其表面产生一个突出物，它是细胞进行融合所必需的。突出物通常指向要交配的细胞。具有交配突出物的细胞称为“西蒙斯细胞”（shmooscell），因为这些突出物与 20 世纪 40 年代的一个 Al Capp 卡通形象十分相像。西蒙斯细胞在其凸起的顶端互相连接，发生胞质融合，核质融合形成一个二倍体的 $MAT\mathbf{a}/\alpha$ 细胞核。核融合过程被命名为核配（karyogamy）。新形成的二倍体称为合子（zygote），它具有独特的外观，当出第一个芽时便可很容易地鉴别出来。通过显微操作分离合子是可能的，即使在没有遗传选择的条件下也可以分离二倍体合子：从观察大量的交配细胞中，就可以鉴定出西蒙斯细胞和合子。

线粒体

酵母线粒体基因组编码数种与氧化磷酸化相关的蛋白、一种核糖体蛋白以及线粒体翻译系统所需的 rRNA 和 tRNA。大部分线粒体蛋白质由核基因编码并经胞质运输到线粒体。因此，无论核基因组还是线粒体基因组突变均会影响到线粒体的功能。线粒体 DNA 发生突变的酵母细胞不能进行氧化磷酸化，所以它们必须通过发酵作用来获取所需的全部能量。这些突变子的生长比野生型细胞的要慢，而且无法在诸如乳酸、甘油或乙醇等非发酵性的碳源上生长。首先发现这种线粒体突变子的法国科学家称之为“小菌落”（pepite）表型。在发酵性的碳源上这种菌株形成乳白色小菌落，这种缺乏色素的现象在突变子 *ade2* 中尤为明显；产生红色素是突变子 *ade2* 的特性，这一过程需要经过氧化磷酸化作用。二倍体小菌落菌株也不能形成孢子，故在寻找其他不产生孢子的潜在原因之前，最好先检查不产孢子菌株能否在非发酵性碳源中生长。小菌落突变子以较高频率出现在许多普通酵母菌株中——对一些菌株而言，培养物中 10%的细胞为小菌落。尽管线粒体基因组或核基因组的突变均可以引起小菌落表型，但绝大多数小菌落是由线粒体 DNA 突变引起的。线粒体基因组以“ρ”命名；野生型菌株为 ρ^+，线粒体基因组有缺失（最普遍的突变类型）的菌株为 ρ^-，而缺乏全部线粒体基因组的菌株为 ρ°。经常出现的错误概念是认为 ρ° 就是缺乏线粒体的菌株。在线粒体膜上发生数个重要的反应，甚至在 ρ° 菌株中，用电子显微镜也可以看到一种收缩了的线粒体结构。在该实验中，使用荧光显微镜技术观察野生型细胞的线粒体和线粒体 DNA。

荧光显微镜

伴随着细胞生物学实验中酵母细胞使用的不断增加，决定基因产物的细胞内定位的方法得到发展（Pringle et al. 1989），通常改进的方法最先用于动物细胞。通过对特定细胞结构中基因产物的分析，已经极大地加深了对相关基因功能的了解。另外，通过检测细胞核以及细胞骨架的形态学特征，得到关于单个细胞的细胞周期阶段的准确信息的方法，已被用于判断细胞分裂突变子。

在本实验中，将使用 3 种不同的荧光显微镜技术来鉴别酵母细胞的结构和蛋白质。第一种方法是免疫荧光方法，首先要用靶蛋白的第一抗体与固定细胞一起温育，然后再用荧光标记的第二抗体与第一抗体直接作用。第一抗体与第二抗体的重叠作用可以增强潜在的荧光信号。将使用抗微管蛋白抗体的免疫荧光来观察微管骨架，这种方法的优点是可以产生很强的荧光信号，但其缺点是观察前必须对细胞进行固定，并且为了使抗体进入细胞，必须将细胞壁去掉。值得注意的是，必须采取措施避免细胞制备中带来的假象。

第二种荧光显微技术要利用一种小分子，这种小分子可以发出荧光，并且能与特定蛋白质结合，或者与某种细胞器结合。将用 DAPI（4,6-二脒基-2 苯基吲哚）标记 DNA；用 $DiIC_5$（3）（图 1.1）标记线粒体；用罗丹明-鬼笔环肽（rhodamine-phalloidin）标记肌动蛋白骨架；用 Calcofluor 染芽痕；用 FM4-64（图 1.1）染液泡和内吞泡。DAPI 与 DNA 特异结合，其荧光效应很强。$DiIC_5$（3）是一种可以发出荧光的疏水分子，可特异运往线粒体。鬼笔环肽是一种来自 *Amanita phalloides* 蘑菇的毒素，可与肌动蛋白丝状体结合，当用鬼笔环肽标记后，可观察肌动蛋白丝状。DAPI 和 Calcofluor 既可用于固定化细胞又可用于活体细胞，$DiIC_5$(3)和 FM4-64 只能用于活细胞，而罗丹明-鬼笔环肽一般用于固定化细胞。能染活细胞的染料被称为活性染料。

最后一种是最近发展的利用荧光蛋白的方法，如 GFP（图 1.1），这种蛋白质是来自水母 *Aequoria victoria* 的一种天然荧光蛋白。GFP 的独特性就在于当它在细菌、真菌、植物和动物细胞中表达时都能发出天然荧光，这使它成为一种理想的荧光标记蛋白。为了检测细胞内一种蛋白的定位，就要将该蛋白的基因与 GFP 的编码序列相融合形成融合蛋白。通常，与 GFP 融合不会影响功能，但这应通过互补法进行肯定。细胞中这个融合蛋白的表达可以让我们观察到活细胞中的蛋白质，并且（经常）如果在固定细胞过程中避免使用甲醇，则在固定细胞中也可观察。尽管要仔细确认融合蛋白的胞内行为类似野生型蛋白，但因为它允许在活细胞中观察动态行为，所以 GFP 融合方法仍是极为有效的方法。我们将要观察一些细胞，一种只表达 GFP，另一种表达 GFP 与 *SHS1*（隔蛋白骨架的成分）的融合产物，或者 GFP 与 *AIP3/BUD6*（极性肌动蛋白装配的调节因子）的融合产物。

菌株

1-1	FY86	*MATα ura3-52 leu2Δ1 his3Δ200*
1-2	FY23	*MAT***a** *ura3-52 leu2Δ1 trp1Δ63*
1-3	FY23×86	*MAT***a***/MATα ura3-52/ura3-52 leu2Δ1/ leu2Δ1 trp1Δ63/TRP1 HIS3/his3Δ200*
1-4	FY23×86	*MAT***a***/MATα ura3-52/ura3-52 leu2Δ1/leu2Δ1 trp1Δ63/TRP1 HIS3/his3Δ200* [pTD125]

1-5　FY23×86　*MAT***a***/MATα ura3-52/ura3-52 leu2Δ1/ leu2Δ1 trp1Δ63/TRP1 HIS3/his3Δ200* [pDAb204]

1-6　FY23×86　*MAT***a***/MATα ura3-52/ura3-52 leu2Δ1/leu2Δ1 trp1Δ63/TRP1 HIS3/his3Δ200* [pTY20]

质粒

pTD125　YCp *URA3 GFP*

pDAb204　YCp *URA3 GFP-AIP3*

pTY20　YCp *URA3 GFP-SHS1*

程序

安全须知

甲醛　有毒、可挥发并且是一种致癌物，它可以通过皮肤吸收，对眼睛、皮肤、黏膜和上呼吸道有刺激性，应避免吸入其蒸气。使用时需要戴手套、安全眼镜，始终保持在化学通风橱里操作，远离热源、火星和明火。

DAPI　是一种可能的致癌物，如果吸入、吞咽或通过皮肤吸收都是有害的，也可能引起发炎。使用时需要戴手套、面具、安全眼镜，不要吸入粉尘和蒸气。

第 1 天

提供处于对数生长期或静止期，以 4%甲醛固定的 1-1 菌株的培养物，使用微分干涉相差显微镜（DIC）进行镜检，并对每种培养物里的 100 个细胞进行计数，记录无芽、小芽和大芽细胞的数量。

提供固定了的菌株 1-1 和 1-2 交配细胞的混合物。根据西蒙斯细胞（shmoos）和合子细胞明显不同的形态用 DIC 显微镜检查并鉴定它们。

比较单倍体细胞 1-1 和二倍体细胞 1-3，找出细胞大小和形态的差异。在早晨，将下列菌株置 30℃过夜培养：

菌株 1-1 在 5ml 的 YPD 中

菌株 1-3 在 25ml 的 YPD 中

菌株 1-3 在 5ml 的 YPEG 中（除了用 3%乙醇和 3%甘油代替葡萄糖作为碳源外，其他成分同 YPD）

菌株 1-4、1-5 和 1-6 在 5ml 的 SC-uracil 中

第 2 天

线粒体　稀释前一天的在 YPD 和 YPEG 上的菌株 1-3 培养物到 YPD 和 YPEG 中，以便他们生长超过至少 3 次倍增，密度达到 $1\times10^7\sim2\times10^7$ 个/ml（对数中期）。我们把这个技术称为“回稀释”。用 50～100ng/ml 的 $DiIC_5(3)$ 染色 5～10min，在荧光显微镜下用罗丹明滤光片镜检。

芽痕　如果菌体生长超过或未达到对数生长期（1×10^7～2×10^7 个/ml），回稀释来自前一天的菌株 1-1 和 1-3 的 YPD 培养物到 5ml 的培养液中，至少 3 次倍增。根据“技术和方案 11D，用 Calcofluor（荧光增白剂）染几丁质和芽痕”。

液泡　如果菌体生长超过或未达到对数生长期（1×10^7～2×10^7 个/ml），回稀释前一天菌株 1-3 的 YPD 培养物到 5ml 的培养液中，至少 3 次倍增。根据“技术和方案 11C，用 FM4-64 染色观察液泡和内室（endocytic compartment）”。

隔蛋白（septin）和极化体（polarisome）显像　如果菌体生长超过或未达到对数生长期（1×10^7～2×10^7 个/ml），回稀释前一天菌株 1-4，1-5 和 1-6 的 SC-uracil 培养物到 5ml 的培养液中，至少 3 次倍增。在荧光显微镜下检查 GFP 荧光。

肌动蛋白和微管蛋白染色　早晨，回稀释前一天菌株 1-3 的 YPD 培养物到 50ml 的培养液中，生长到 2×10^7 个/ml，至少 3 次倍增。加入 34ml 的 10%EM 级的甲醛（Polysciences）孵育 10min 固定细胞。将固定的细胞分成等份，并按在“技术和方案 13，已固定细胞的肌动蛋白染色”中描述的罗丹明-鬼笔环肽染色的固定程序，和“技术和方案 12，酵母免疫荧光法”中描述的免疫荧光方法，免疫染色，4℃下过夜固定细胞。

第 3 天

肌动蛋白染色　按照“技术和方案 13”中描述的完成罗丹明-鬼笔环肽染色程序。在荧光显微镜下用罗丹明滤片检查细胞。

抗微管蛋白免疫荧光　按照“技术和方案 12”中描述的完成免疫荧光染色。以 1∶500的 YOL1/34 抗微管蛋白抗体和 1∶200 的羊抗大鼠 FITC 二抗免疫。在荧光显微镜下用荧光滤片检查细胞。注意，由于封闭液中含有 DAPI，在 DAPI 通道上也可以看到核 DNA 的染色。

材料

第 1 天

固定了的 1-1 和 1-3 的培养物，固定了的 1-1 与 1-2 交配的培养物

30ml　YPD

5ml　YPED

15ml　SC-uracil

载玻片和盖玻片

第 2 天

70ml　YPD

5ml　YPED

1μl　2.5mg/ml 的 $DiIC_5(3)$储备液　乙醇配制

1ml　1mg/ml 的 Calcofluor 储备液　溶于水

2μl　8mmol/L 的 FM4-64 储备液（Molecular Probes＃T-3166）溶于水

15ml　SC-uracil
42ml　10% EM 级甲醛（Polysciences）
17ml　PBS
17ml　40mmol/L KPO_4(pH6.5)
500μmol/L $MgCl_2$
6ml　1.2mol/L 山梨醇
40mmol/L KPO_4(pH6.5)
500μmol/L $MgCl_2$
载玻片和盖玻片

第 3 天

20μl 6.6μmol/L 罗丹明-鬼笔环肽　溶于 MeOH（Molecular Probes # R-415）
5ml PBS
封闭液
30μl 10mg/ml 的消解酶 100T　溶于 1.2 mol/L 山梨醇
40mmol/L KPO_4（pH6.5）
500μmol/L $MgCl_2$
一个特氟隆（Teflon）表面的多孔载玻片
50μl 1%多聚赖氨酸储备液，溶于水
无菌水，高速离心去处颗粒物
2 个广口瓶：一个装干冰制冷的丙酮，另一个装干冰制冷的甲醇
5ml PBS（pH 7.4）
0.5% BSA
0.5%血清白蛋白
200μl 1∶500 稀释的 YOL1/34 抗微管蛋白抗体，溶于 PBS（pH 7.4）
0.5% BSA
0.5%血清白蛋白
200μl 山羊抗大鼠 FITC 抗体，按 1∶200 稀释，溶于 PBS（pH7.4）
0.5% BSA
0.5%血清白蛋白
大盖玻片
莎莉汉森硬甲油（Sally Hansen© Hard as Nails）

参考文献

Pringle J.R., Preston R.A., Adams A.E.M., Stearns T., Drubin D.G., Haarer B.K., and Jones E.W. 1989. Fluorescence microscopy methods for yeast. *Methods Cell Biol.* **31:** 357–435.

实验二　营养缺陷型、温度敏感型和渗透压敏感型突变株的分离和鉴别

因为自发突变的频率很低，所以通常用紫外线、亚硝酸、甲基黄酸乙酯（EMS）、硫酸二乙酯和1-甲基-亚硝基胍（1-methyl-nitro-nitrosoguanidine）作诱变剂来提高突变发生的频率。这些诱变剂十分有效且在不杀死细胞的条件下以$5\times10^{-4}\sim1\times10^{-2}$的频率诱发突变。虽然在有的方法中可以使用制霉菌素和其他药物杀死未突变细胞以提高突变率，但通常不需要使用这些选择性方法就可以获得大量的突变株（Snow 1966；Thouvenot and Bourgeois 1971；Henry et al. 1975；Walton et al. 1979）。在本实验中，将利用EMS处理酵母细胞的方法分离营养缺陷型、温度敏感型和渗透压敏感型突变株。

营养缺陷型突变株对于阐明生化反应过程及其研究酶结构和功能（Lingens and Oltmanns 1964，1966；Lindegen 1965）之间的关系具有非常重要的价值，通过对氨基酸营养缺陷型菌株所积累中间物的研究已经揭示了许多生化反应途径。

对温度敏感突变株的研究使得鉴别和了解关键的基因成为可能（Hartwell 1967；Pringle and Hartwell 1981）。酵母中一大部分基因参与编码必需蛋白质（例如，RNA聚合酶，tRNA合成酶等），造成这些蛋白质完全丧失活性的突变会导致细胞死亡，即使造成部分活性丧失的突变也会导致遗传和生化上的障碍。但有一种突变十分有用，它造成这些必需蛋白中一种蛋白结构发生变化，使其在低温时能发挥作用而在常温时却不能。具有这种突变的菌株在低温时能以正常或接近正常的速率生长，但在高温时却不能在任何培养基上生长。利用这种表型特征就可以将发生重大功能突变的温度敏感突变株与可补充的温度敏感突变株（即一种氨基酸生物合成存在缺陷的突变株）区分开来。

所有的真核细胞必须能够适应环境条件，如温度、营养来源和外部渗透压的变化。野生的酵母生活在充满危险和不断变化的环境中。例如，在葡萄园，酵母周围的渗透压可以从一个雨滴到高浓缩的糖溶液而发生剧烈变化。细胞为了保持正常的水的活动并且将水送入细胞内，必须维持一个较外部环境略高的内渗透压。由于这些原因，酵母已经进化出了精细的通道系统来感知跨越质膜的渗透压不平衡并且触发细胞内，如细胞结构（Brewster and Gustin 1994）和基因表达（O'Rourke and Herskowitz）、胞内高浓度甘油产物的峰值（Edgley and Brown 1983）、酵母细胞的主要的渗透压平衡剂等的适应性变化。对渗透压敏感突变体的研究已经发现了一个保守性的MPF激酶途径（Brewestr et al. 1993），这个途径在所有的真核细胞中起到调节适应压力条件的功能：高渗透压生长或HOG途径（要综合了解酵母的渗透压调节，见Hohmann 2002）。

在某些情况下，能够直接筛选特定基因的突变是十分有用的。例如，有时不通过遗传杂交就能很容易地将营养缺陷型标记引入菌株。直接筛选营养突变型缺陷的两种非常简单的方法是使用αAA（α-氨基乙二酸）筛选*lys2*和*lys5*突变（Chattoo et al. 1997；

Zaret and Sherman 1985)；使用 5-FOA（5-氟-乳清酸）筛选 *ura3* 和 *ura5* 突变（Boeke et al. 1986）。在本实验中，我们研究 5-FOA 抗性突变体的频率和表型。

这里描述的标准处理法包括用 EMS 处理野生型酵母菌株。一半学生将诱变 *MAT***a** 菌株，另一半学生将诱变 *MATα* 菌株。诱变后将菌株稀释，并以每个平板 100～200 个细胞的浓度涂布于完全培养基上。当细胞长成菌落后，用平板影印法将它们转移到各种培养基。平板在室温（23℃）和 37℃条件下培养，然后进行成对比较，即可检出温度敏感突变株。通过比较生长在 1.2mol/L 山梨醇和对照组平板上的菌株就可以检测渗透压敏感突变株。通过比较菌株能不能在含有葡萄糖、磷酸钾、硫酸铵、维生素、盐和微量矿物质的基本培养基上生长可以检测营养缺陷突变体。在不同类型的合成培养基上检测来自 YPD 平板的菌落可以发现菌株的特定需求。

为了鉴别特定的能生长在完全培养基但无法在基本限定培养基上生长的营养缺陷型突变株，将待测突变株转到补充不同氨基酸、嘌呤、嘧啶和其他代谢物的 9 种基本培养基平板上（表 2.1）。通过观察特定菌株在这些平板上的生长情况，就可以鉴别出突变菌株生长所需要的特定条件。

表 2.1 库的设计

库	1	2	3	4	5
6	腺嘌呤	鸟嘌呤	半胱氨酸	甲硫氨酸	尿嘧啶
7	组氨酸	亮氨酸	异亮氨酸	缬氨酸	赖氨酸
8	苯丙氨酸	酪氨酸	色氨酸	苏氨酸	脯氨酸
9	谷氨酸	丝氨酸	丙氨酸	天冬氨酸	精氨酸

一般情况下，对于含有库 1～5 中培养物的平板，一个菌落至少可在其中之一上生长，对含有库 6～9 中培养物的平板同样如此，这样就可以一个个的鉴定出菌株生长所必需的成分。例如，能在库 1 和 7 上生长的菌落需要组氨酸，能在库 3 和 8 上生长的菌落需要色氨酸。如果一个菌落只能在 9 种库中的一种上生长，那就说明它需要不止一种该库所含的营养。在芳香氨基酸生物合成早期受阻的突变株将只能在库 8 中生长。

菌株

2-1	S288C	*MATα mal gal2*
2-2	D665-1A	*MAT***a**

程序

安全须知

EMS 是一种挥发性的有机溶剂，也是一种诱变剂和致癌剂。通过吸入、吞食或皮肤吸收造成伤害。在废弃之前，用 50%硫代硫酸钠中和所用的 EMS 废液。对所有接触过 EMS 的材料污染用大体积的 10%（*m*/*V*）硫代硫酸钠处理。操作时要非常小心，使用未稀释的 EMS 时，应戴适当的保护性手套并在化学通风橱中操作；EMS 应低温储存；不要用嘴吸移液管来取 EMS；吸取未稀释 EMS 的移液管不应过热；使用前将其放入冰箱中冷却以降低 EMS 的挥发。在回收或处置所有与 EMS 接触的玻璃器具前，都应将它们浸泡在含有 1mol/L 的 NaOH 或实验室漂白剂的大烧杯中。

第 1 天

接种上述菌株之一到 5ml 的 YPD 中（一半学生使用 *MATα* 菌株 2-1，另一半学生使用 *MAT***a** 菌株 2-2）。在 30℃下培养过夜。

第 2 天

按照“技术和方案 21，EMS 诱变”中描述的方法用 EMS 诱变细胞。完成诱变细胞方案后，会有一管发生突变的细胞和一管未变的对照，按照下列步骤处理这些细胞：

1）在 αAA 和 5-FOA 培养基上直接涂开细胞，选择 *lys2* 和 *ura3* 突变体。

2）在 YPD 上过夜培养细胞并且涂开在 5-FOA 培养基上。

3）稀释并在 YPD 平板上涂开细胞以形成菌落，用以筛选其他突变体。

第一，直接把 0.1ml 诱变细胞涂布在 αAA 和 5-FOA 平板上，另外，涂布 0.1ml 洗过的非诱变细胞在相同的 αAA 和 5-FOA 平板上，作为对照，通过诱变和非诱变培养物所长出的菌落数可测出由 EMS 处理所引起的诱变频率。

第二，将每种细胞悬浮液（诱变和未诱变的）0.1ml 接到 1ml 的 YPD 培养液，在 30℃下培养过夜。

第三，为了获得 200 个成活细胞/平板，用无菌水稀释 EMS 处理细胞到 2000 个/ml（以血球计数器计数为基准，假设在诱变过程中不损失细胞）。这应该以大约 1∶100 000倍稀释，但是或许需要根据最初使用细胞的浓度来调节稀释度。在每个 YPD 平板上涂布 0.1ml，0.2ml 和 0.4ml 菌液，对这三种不同体积菌液的每一种用 10 块平板。所有的平板在室温（23℃）下放置 4 天。

第 3 天

水洗来自前一天的 1ml YPD 过夜培养物，悬浮在 1ml 无菌水中，涂布 0.1ml 在相同的 5-FOA 平板上，在 30℃下培养。

第 6 天

检查并且记数在 YPD 平板上的菌落，并且估计 EMS 处理后的生存情况。选择 10 套或更多含有大约 200 个菌落/平板的 YPD 平板用于分离①营养缺陷型突变株②温度敏感型突变株③渗透压敏感型突变株。用影印法把每个 YPD 平板的菌落转到 1 个 SD 平板、1 个 SC 平板、1 个 YPD＋1.2mol/L 山梨醇平板和 3 个 YPD 平板。记录被转移菌落的编号，每个平板要编号，并且在背面做一个方向性记号。对营养缺陷型突变株的检测，在 30℃下培养 SC 和 SD 平板 1 天。对温度敏感型突变株，从每组 YPD 影印平板中取一套放在 37℃ 2 天，另取一套在室温（23℃）2 天。对于渗透压敏感突变株，将一套 YPD 平板和 YPD＋1.2 山梨醇平板放在 30℃ 2 天。

ura3 突变体　5-FOA 平板在 4℃放 2 天。

第 7 天

营养缺陷型突变株　将 10 个 SD 平板中的每个与 SC 平板相比较以鉴定候选的营养缺陷型突变株。这样的菌落应该有 5%。至少鉴定 20 个候选菌落。我们使用一个多头转接装置（frogger）把细胞从每个菌落中转移到一系列设计好的平板上，以揭示每个候选菌株的特定营养缺陷。多头转接（frog）的做法是在每个微滴盘的孔中放 100μl 无菌水；用无菌牙签把挑选的菌落接种到每个孔里（注意：所加入的各菌落应有相同的接种量，并将其悬浮在孔里）；菌株 2-1 或 2-2 也是同样处理；把多头转接装置的头部降低到孔里，从每个孔里转移一滴液体，快速提起，然后放置到一块适当的新平板的表面上。用这种多头转接法，把来自候选营养缺陷型的细胞接种至 9 块库平板、一个 SC 平板和一个 SD 平板上。30℃过夜培养。

ura3 突变体　计数在第 2 天和第 3 天涂在 5-FOA 板上生长起来的菌落的数量。按下表记录资料。以 2×10^8个/ml 作为 YPD 过夜培养物的饱和密度，估计菌株诱变前后的每种突变的频率及随着诱变出现生长晕（outgrowth）前后的频率。从一套 5-FOA 平板中纯化 4 个菌落于另一 YPD 上，用于检测它们的 Ura 表型。在 30℃下培养平板。*ura3* 突变型在诱变之后增加了吗？为什么诱变之后的生长可能影响每种突变型的恢复？

第 8 天

表 2.2　生长晕计录表

培养基处理	5-FOA	
	无生长晕	生长晕
菌落数量/平板		

营养缺陷型突变株　记录生长情况（表 2.2），给每个突变株按照它们的营养缺陷型标记名字（如 leu1、leu2 等）。按照列出的营养缺陷型类型记录营养缺陷型的名字。同样，在第 7 天的 SC 平板上标记相应的营养缺陷型。分给你一个特定类型的营养缺陷型菌株，用它进行互补实验。从你的同学那收集所有种类的营养缺陷型，把你的营养缺陷型制备成两块 YPD 划线平板：一个是 *MAT***a** 菌株，另一个是 *MATα* 菌株。每个划线平板应该有达到 11 条的平行连续交叉于平板表面的线（附录 D，平板划线模板）。菌线的顶部和底部应分别距平板的顶部和底部 2cm。30℃下培养过夜，然后放入冰箱。

渗透压敏感突变株　比较生长在 YPD＋1.2mol/L 山梨醇和 YPD 对照平板上的菌株。挑取大约 20 个能在 YPD 平板上良好生长但无法在高渗平板上生长的突变体，并把突变体通过转接装置转移到 YPD 和 YPD＋1.2mol/L 山梨醇平板上。菌株 2-1 或 2-2 也如此。平板在 30℃下培养 2 天。

温度敏感型突变株　比较突变株在 23℃和 37℃下平板的生长情况。鉴别 20 个以上无法在高温下生长的菌落。用多头转接的方法从这些 Ts（temperature-sensitive）-候选菌株里转接细胞到两块 YPD 平板上，菌株 2-1 或 2-2 也同样处理。同样也转接在含有 30%蔗糖的 YPD 平板上。这样的平板能鉴别温度敏感突变株，它的缺陷会导致在 YPD 平板上的渗透裂解；或者由于高渗条件导致生长抑制（渗透压补救突变株）。在 37℃下保温放置一块 YPD 平板和 YPD＋蔗糖平板，另一块 YPD 平板室温下放置 2 天。

ura3 突变株　将已纯化的 5-FOA^R 菌落划线接种到 SD 和 SD＋uracil 平板来测试 Ura 表型。

第 10 天

营养缺陷型突变株　按顺序复制划线平板 *MAT***a**、*MATα* 到绒垫上，以保证划线是互相重叠的。复印绒垫到一个新的 YPD 平板上，30℃培养。

渗透压敏感突变株　记录生长情况并给每个突变体编一个号。用 10 个突变体制备两块完全相同的划线 YPD 母板（加上菌株 2-1 或 2-2 对照）。30℃过夜。

温度敏感型突变株　分别记录突变体在 23℃和 37℃的生长情况。给每个突变体作一个编号。在一对 YPD 平板上，将突变体制备两块完全相同的划线母板（加上菌株 2-1 或 2-2 对照）。室温下 2 天。

ura3 突变株　从第 9 天开始记录 *ura3* 突变株的生长情况。

第 11 天

营养缺陷型突变株　复制平板上的交叉划线的突变体到一块 SC 和 SD 平板上。30℃培养。

渗透压敏感突变株　把一块划线平板调换成相反交配型的渗透压敏感突变株的划线平板。用复制板制备一个交叉划线 YPD 平板。30℃培养过夜。

第 12 天

营养缺陷型突变株　记录互补检测。有多少不互补的情况被观察到？搜索酵母基因组数据库(http://pathway.yeastgenome.org/biocyc/)，估计正在研究的材料中产生营养缺陷表型突变体的基因数量。

渗透压敏感突变株　复制交叉划线突变体到一块 YPD 和 YPD＋山梨醇平板上，并且将所有的平板放在 30℃ 2 天。如果在不同座位突变的两个隐性 Osm$^-$ 菌株接合，预期二倍体有正常的渗透压敏感性。

温度敏感型突变株　把你的一块划线平板换成相反交配型的 Ts$^-$ 突变株划线平板。用复制板制备一个交叉划线 YPD 平板。23℃ 2 天。

第 14 天

温度敏感型突变株　复制交叉划线突变株到 2 块 YPD 平板上；一块板于 37℃ 2 天，另一块于 23℃ 2 天。

渗透压敏感突变株　记录互补检测。得到了多少互补组，并且思考为什么互补组会非常少？

第 16 天

温度敏感型突变株　记录互补检测。

材料

注意：提供的材料量要够 2 人用

第 1 天

1 支含有 5ml YPD 培养液的试管

第 2 天

10ml 无菌水
5ml 无菌 0.1mol/L 磷酸钠缓冲液（pH7）
EMS（甲基磺酸乙酯；Sigma M0880）
1ml 无菌 5%硫代硫酸钠（*m*/*V*）
2 支各含有 1ml YPD 的培养管
2 套 5-FOA 平板
30 套 YPD 平板

第 3 天

10ml 无菌蒸馏水
2 套 5-FOA 平板

第 6 天

10 个 SC 平板
10 个 SD 平板
10 个 YPD+1.2 mol/L 山梨醇平板
30 个 YPD 平板
10 个无菌绒垫

第 7 天

1 个 YPD 平板
9 种营养库平板，每种 1 个
1 个 SD 平板
1 个 SC 平板
10ml 无菌蒸馏水
2 个无菌微量滴定盘
95%乙醇（用于灼烧 frogger）

第 8 天

5 个 YPD 平板

10 个 YPD+1. 2 mol/L 山梨醇平板
1 个 SD 平板
1 个 SD + uracil 平板
1 个含 30%蔗糖的 YPD 平板
3 个无菌微量滴定盘
10ml 无菌蒸馏水
95%乙醇（用于灼烧 frogger）

第 10 天

5 个 YPD 平板
1 个无菌绒垫

第 11 天

1 个 YPD 平板
1 个 SD 平板
1 个 SC 平板
2 个无菌绒垫

第 12 天

2 个 YPD 平板
1 个 YPD+1. 2mol/L 山梨醇平板
2 个无菌绒垫

第 14 天

2 个 YPD 平板
1 个无菌绒垫

参考文献

营养缺陷型突变株

Lindegren G., Hwang, L.Y., Oshima Y., and Lindegren C. 1965. Genetical mutants induced by ethyl methanesulfonate in *Saccharomyces*. *Can. J. Genet. Cytol.* **7:** 491–499.

Lingens F. and Oltmanns O. 1964. Erzeugung und untersuchung Biochemischer and Mangelmutanten von *Saccharomyces cerevisiae*. *Z. Naturforsch.* **19B:** 1058–1065.

———. 1966. Uber die Mutagene Wirkung von 1-nitroso-3-nitro-1-methyl-guanidin (NNMG) und *Saccharomyces cerevisiae*. *Z. Naturforsch.* **21B:** 660–663.

温度敏感型突变株

Hartwell L.H. 1967. Macromolecule synthesis in temperature-sensitive mutants of yeast. *J. Bacteriol.* **93:** 1662–1670.

Pringle J.R. and Hartwell L.H. 1981. The *Saccharomyces cerevisiae* cell cycle. In *The molecular biology of the yeast* Saccharomyces: *Life cycle and inheritance* (ed. J.N. Strathern et al.), pp. 97–142. Cold Spring Harbor Laboratory, Cold Spring Harbor, New York.

渗透压敏感突变株

Brewster J.L. and Gustin M.C. 1994. Positioning of cell growth and division after osmotic stress requires a MAP kinase pathway. *Yeast* **10:** 425–439.

Brewster J.L., de Valoir T., Dwyer N.D., Winter E., and Gustin M.C. 1993. An osmosensing signal transduction pathway in yeast. *Science* **259:** 1760–1763.

Edgley M. and Brown A.D. 1983. Yeast water relations: Physiological changes induced by solute stress in *Saccharomyces cerevisiae* and *Saccharomyces rouxii*. *J. Gen. Micro.* **129:** 3453–3463.

Hohmann S. 2002. Osmotic stress signaling and osmoadaptation in yeasts. *Microbiol. Mol. Biol. Rev.* **66:** 300–372.

O'Rourke S.M. and Herskowitz I. 2004. Unique and redundant roles for HOG MAPK pathway components as revealed by whole-genome expression analysis. *Mol. Biol. Cell.* **15:** 532–542.

营养缺陷型筛选

Boeke J.D., LaCroute F., and Fink G.R. 1986. A positive selection for mutants lacking orotidine-5′-phosphate decarboxylase activity in yeast; 5′-fluoro-orotic acid resistance. *Mol. Gen. Genet.* **197:** 345–346.

Chattoo B.B., Sherman, F. Azubalis D.A., Fjellstedt T.A., Mehnert D., and Ogur M. 1979. Selection of *lys2* mutants of the yeast *Saccharomyces cerevisiae* by the utilization of α-aminoadipate. *Genetics* **93:** 51–65.

Zaret K.S. and Sherman F. 1985. α-Aminoadipate as a primary nitrogen source for *Saccharomyces cerevisiae* mutants of yeast. *J. Bacteriol.* **162:** 579–583.

富集方法

Henry S.A., Donahue T.F., and Culbertson M.R. 1975. Selection of spontaneous mutants by inositol starvation in *Saccharomyces cerevisiae*. *Mol. Gen. Genet.* **143:** 5–11.

Snow R. 1966. An enrichment method for auxotrophic yeast mutants using the antibiotic "nystatin." *Nature* **211:** 206–207.

Thouvenot D.R. and Bourgeois C.M. 1971. Optimisation de la selection de mutants de *Saccharomyces cerevisiae* par la nystatine. *Ann. Inst. Pasteur* **120:** 617–625.

Walton B.F., Carter B.L.A., and Pringle J.R. 1979. An enrichment method for temperature-sensitive and auxotrophic mutants of yeast. *Mol. Gen. Genet.* **171:** 111–114.

实验三　减数分裂作图

减数分裂使得推测遗传标记间的位置关系成为可能。多年来，减数分裂作图在构建遗传学图谱上起到巨大的作用（Motimer and Hawthorne 1966）。Motimer 和 Hawthorne（1969），Fincham 等（1979），Motimer 和 Schild（1981）对减数分裂作图和四分体分析作了总体的阐述。目前，遗传图谱技术可作为监测基因组操作手段的方法，它需要通过使用分子遗传技术实现。一个子囊内的四个孢子是一次减数分裂的产物，对这些四分体的遗传分析能提供杂合态基因的连锁关系。若已知着丝粒连锁的基因存在于杂种中，那么就可以绘出与其着丝粒相关基因的图谱。尽管一个子囊里分离四个孢子是相当难的技术，需要大量的实践。但四分体分析不仅对连锁研究，而且对用于构建遗传和生化实验所需的菌株是非常有用的。由于很多原因，在二倍体菌株中制备等位基因敲除以及在减数分裂四分体中确定 2∶2 分离的等位基因插入是实验室中应有的实验。

在两个单倍体的杂交中，$AB \times ab$（A 和 B 是两个不同的基因，大写对小写显示可区别的等位基因），标记的分离能产生三种类型的四分体。这三类四分体——亲代双型（PD）、非亲代双型（NPD）和四型（T）——来源于杂合二倍体，两个标记 $AB \times ab$ 的关系表示如表 3.1 所示：

表 3.1　四分体类型及比例

	PD		NPD		T
	AB		*aB*		*AB*
	AB		*aB*		*Ab*
	ab		*Ab*		*ab*
	ab		*Ab*		*aB*
随机分配	1	∶	1	∶	4
连锁	>1	∶	<1		
着丝粒连锁	1	∶	1	∶	<4

连锁标记

通过观察得到的一对标记的三种类型的四分体的比例，有一个功能是指出此标记的相对图谱位置。如果标记 A 和 B 相对彼此间分离是随机的，PD、NPD 和 T 将会以 1∶1∶4的方式出现。但是，如果它们是连锁的，将产生不同的比例，可以用来推断它们的图谱距离。图 3.1 显示了在同一染色体的标记 A 和 B 间的没有交换、单交换和两次交换的结果。当没有交换时，总是形成亲代双型。单交换总是产生一个四型。涉及两条、三条或四条链（染色单体）的双交换可能产生四种交换类型。两条链的双交换产生一个 PD 型，三条链双交换产生的两种类型都是 T 型，四条链的双交换产生一个 NPD 型。减数分裂期间在 A 和 B 间发生超过两次的双交换会产生这三种四分体中的任何类型，这取决于哪几条链发生了交换。两个标记间发生交换的可能性与它们间的物理距离是大约成比例的。因此，紧密连锁的标记产生显著的 PD 型四分体和不多的 NPD 型四分体。相反，非连锁的标记会产生等量的 PD 型和 NPD 型四分体。

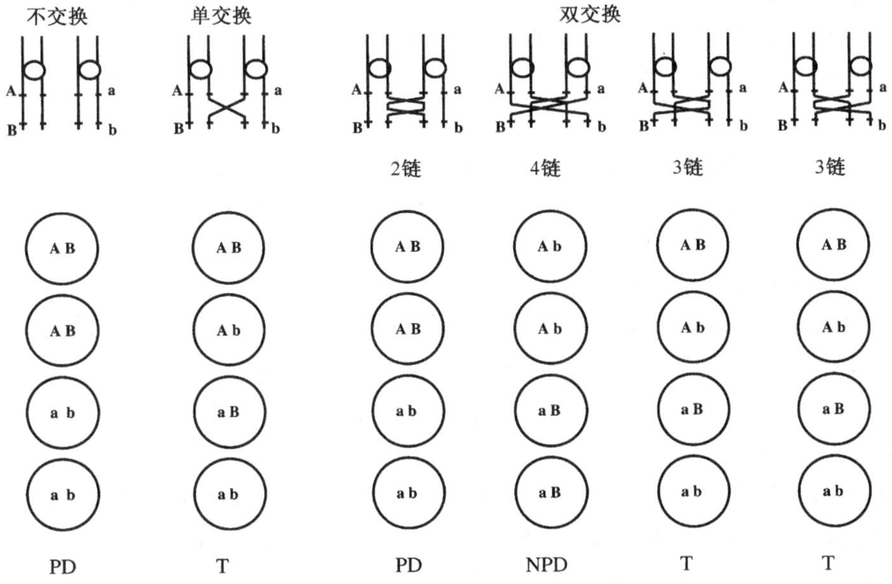

图 3.1　连锁标记 *A* 和 *B* 的分离

在标记间发生零次、一次和两次交换所展示的显著分离方式可以用映射函数（mapping fuction）进行系统而确切的说明（Perkins 1949）。对于经历至多两次交换的遗传间隔，NPD 型提供了一个精确的双交换（DCO）的频率指标，它反过来让我们推测单交换（SCO）的发生率。映射函数是一个关于标记 *A* 和 *B* 间每个染色单体发生减数分裂的平均数的指标。基于一次单交换，四分体中的一半染色单体发生重组，而双交换会导致每个染色单体平均一次交换（尽管交换不总是在所有的四个染色单体上发生；图 3.1）。因此，映射函数可以如下表示：

$$100 \times \frac{1/2(\text{SCO 四分体}) + (\text{DCO 四分体})}{\text{所有四分体}}$$

这个函数以厘摩数（cM）表示标记间的距离。为了估计在选定标记间发生 DCO 的全部四分体的数量，我们利用 DCO 四分体的 1/4 产生 NPD 型四分体这一事实（图 3.1）。基于这一信息，假设没有染色单体干扰，我们能推断全部 DOC 四分体的数量为 4（NPD）。SCO 四分体总是四型（图 3.1），但是四型也可由 DCO 四分体产生。为了估计 SCO 四分体的数量，从四型四分体中扣掉 DCO 四分体的部分。因为 DCO 产生 2∶1 的四型与 NPD（图 3.1），就是 2（NPD）。将这些值放入上面提到的映射函数等式中。

$$100 \times \frac{1/2[\text{T} - 2(\text{NPD})] + 4(\text{NPD})}{\text{所有四分体}} = 100 \times \frac{1/2\text{T} + 3(\text{NPD})}{\text{所有四分体}}$$

非连锁标记

关于干扰的若干假设必须予以考虑，用以测定较大间隔的图距。另外，对于大的间隔，无法说是否为一个 NPD 四分体是标记 *A* 和 *B* 间发生两次、三次或更多次交换的结果。上面的映射函数是基于每次减数分裂时标记间隔间发生至多两次交换的假设，这也会导致低估每次减数分裂时间隔间发生了多次交换的真正的遗传距离。测量长间隔的唯一的准确方法是通过较短间隔的累加。

非连锁标记的一个特别情况的存在不是由于不同的染色单体，而是因为它们分别与着丝粒接近。如此的情况会产生相同数量的 PD 和 NPD 四分体（记住，PD＝NPD 是非连锁标记的特征），而不是观察到 PD∶NPD∶T 为 1∶1∶4 的这种情况，随机分类的特征，T 子囊的比例减少。所有的四型子囊需要在着丝粒和标记之一间发生一次交换。

一个基因与着丝粒的间距可通过第二次分裂分离（second-division segregateion SDS）的频率来测量，解释如下：第一次分裂分离（FDS）是一个术语，它指的是在第一次减数分裂时同源着丝粒向相反极移动（图 3.2A）。在图距上与着丝粒邻近的杂合基因，如 *TRP1*/*trp1*（图 3.2A），在大多数的减数分裂中也会显示同样的分离方式。仅当 *TRP1* 座位与临近的着丝粒间的小间隔出现交换时，等位基因 *TRP1* 和 *trp1* 在第二次减数分裂时互相移动离开，才展现为 SDS（图 3.2B）。对于 *TRP1*，仅有 1%的减数分裂会发生这种情况，这使得 *TRP1* 在减数分裂期的分离成为着丝粒运动的一个较好的指标。通过比较与 *TRP1* 的分离情况来决定一个感兴趣基因的 SDS 频率是可能的。如果我们用一个感兴趣基因和 *TRP1* 的杂合子菌株（*A*，*TRP1*×*a*，*TRP1*）来执行四

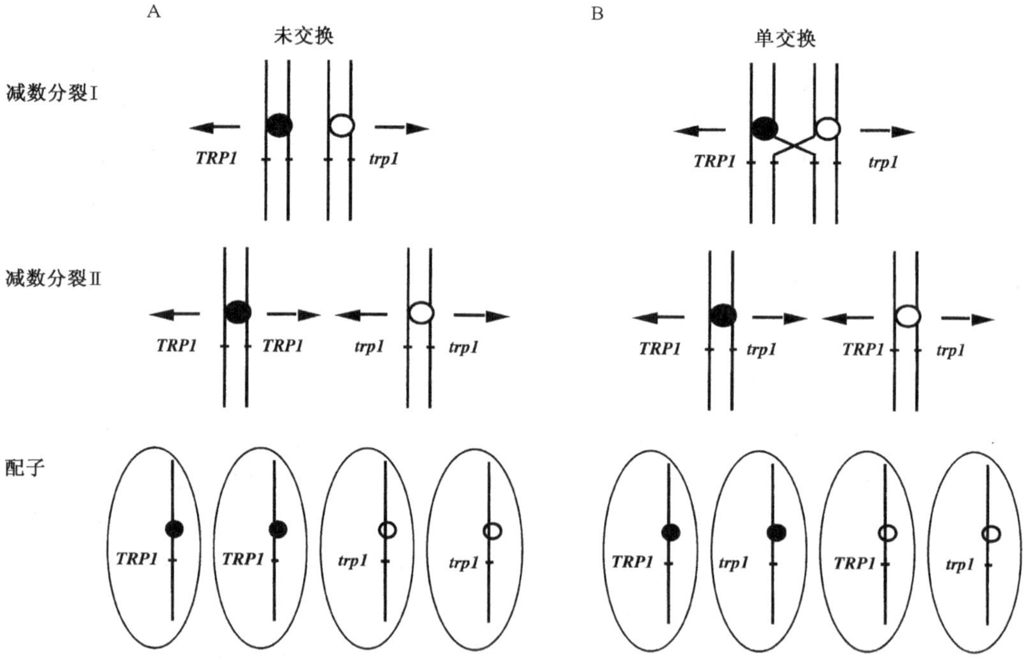

图 3.2　第一次和第二次分裂分离

基因 *TRP1* 的位置与染色体 IV 的着丝粒靠近。在大部分的减数分裂中，在 *TRP1* 和 *CENIV* 间没有交换（A）。在 *TRP1* 和 *CENIV* 间没有交换的减数分裂，杂合 *TRP1* 和 *trp1* 和减数分裂时彼此互相分离。这称为第一次减数分裂分离。在一部分减数分裂中，在 *TRP1* 位点和 *CENIV* 间将会发生一次交换（B）。结果是每个同系物（homolog）的一个染色单体上携带 *TRP1* 等位基因，而另一个染色单体上携带的同源 *trp1* 等位基因。这种情况下，直到第二次减数分裂，*TRP1* 和 *trp1* 等位基因不会发生分离。这称为第二次分裂分离。

分体分析，PD 和 NPD 四分体将表明基因 *A*（图 3.3A）FDS 的情况，并且 T 型四分体将表明 SDS（图 3.3B）的情况。在基因 *A* 和着丝粒间的图谱距离可以大约表示如下：

$$100\times\frac{（四型四分体）}{2（全部四分体）}$$

这个图谱函数是基于以下假设：①T 型四分体是兴趣基因和着丝粒间发生一次单交换的结果。②PD 和 NPD 四分体在这一间隔间没有发生交换。因此，这个图谱函数严重低估了这一间隔间真正的图谱距离，因为可能发生多次交换。

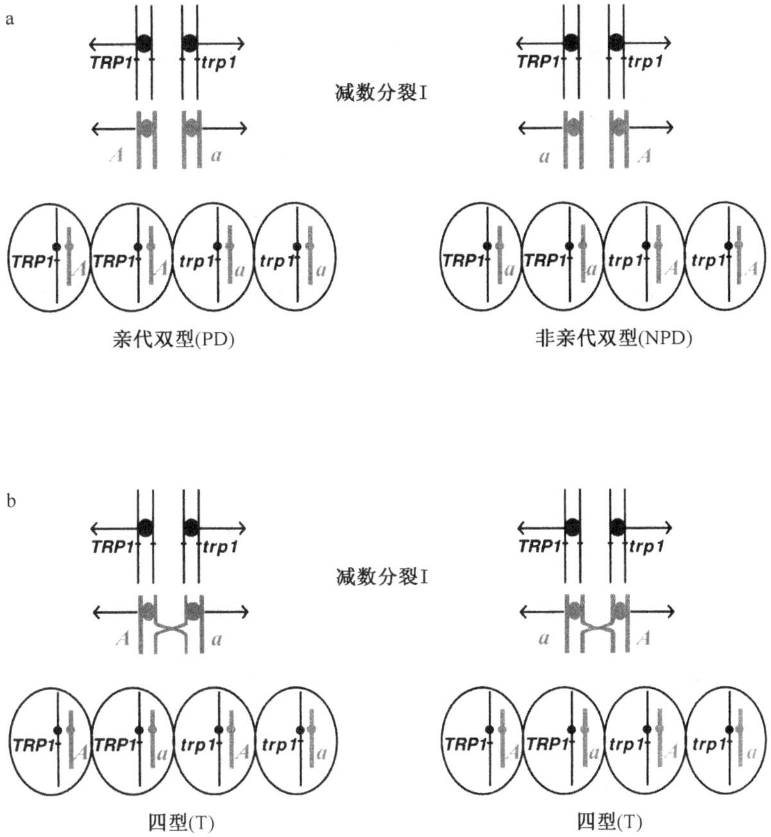

图 3.3　用一个已知的着丝粒连锁标记来检查着丝粒连锁的另一个基因

a. 在杂交 *A*，*TRP1*×*a*，*trp1* 菌株中，当我们的兴趣基因和着丝粒没有交换发生时，基因 *A* 相应于 *TRP1* 将显示两种类型的分离。两种结果取决于相应的着丝粒在中期纺锤体上附着的方向。这些减数分裂产生 PD 和 NPD 型四分体的可能性相同。b. 不管各自着丝粒在中期纺锤体上的方向，如果在 *A* 和它的着丝粒间发生一次交换，PD 和 NPD 型四分体就会转换成 T 型四分体。

若杂种包含两个或更多着丝粒连锁的标记基因，它们并不像 *trp1* 靠近着丝粒，这样就可以确切地计算 SDS 的百分率。在这种情况下，SDS 的排列由着丝粒连锁的标记基因一致性所决定。

A　关键点

1）表型是由 2∶2 分离时单基因突变引起的。

2）对非连锁基因，亲二型（PD）＝非亲二型（NPD）。

3）对非连锁基因，至少其中一个与着丝粒不连锁，PD∶NPD∶T＝1∶1∶4。

4）对于都与着丝粒连锁的，但互相不连锁的基因，四型（T）来自基因与着丝粒间的交换。

5）对连锁基因，PD＞NPD。

6）每次减数分裂中发生至多两次交换的小遗传间隔的图谱距离可以按以下的情况来估计。

$$厘摩（cM）＝100\times\frac{1/2\ T + 3\ (NPD)}{全部四分体}$$

B　判定树

当分析四分体资料时，一些关键点要记住，帮助得出正在分析基因的遗传图谱关系结论的判定树显示于图 3.4。

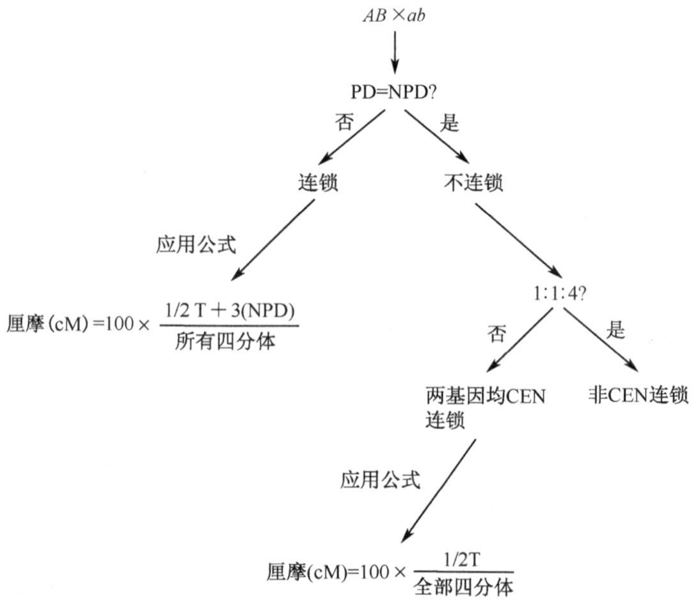

图 3.4　四分体分析概述

四分体解剖介绍

当二倍体细胞转到孢子形成培养基时，通常在 4 天内发生有丝分裂和孢子形成。形成孢子的培养物实际上是含有未形成孢子的二倍体细胞、拥有四个单倍体孢子的子囊和少于四个孢子的子囊组成的混合体。大多数孢子形成培养物在冰箱内可保存数月，期间仅发生活性的渐渐丢失。解剖的第一步包括用酶处理已形成孢子的培养物，它可以酶解子囊壁，但不会破坏子囊中四个孢子的缔合。用一个无菌接种环小心地把已酶解的子囊转到 YPD 平板上。然后用附着于显微操作器上的显微针把四个孢子相互分离并转移到 YPD 平板上隔开的位置。孢子在解剖后 2～3 天萌发并形成菌落。将孢子菌落转入斜面或 YPD 平板以便保存和分析。将这些菌株接种到 YPD 平板上制备一个原平板；通过影印到适当的培养基可对大部分表型进行分析。通过影印原平板到两个 YPD 平板和拥有 *MAT***a** 和 *MATα* 供试菌株菌苔的平板上用以测定交配型、互补标记和单基因的特定等位基因。将交配混合物在 YPD 平板上培养 1 天后影印到基本培养基上。交配型、与相似的表型有互补性的标记以及在一个单一基因内的突变等位基因，都可以通过将孢子菌落与适当的基因型的 *MAT***a** 和 *MATα* 测试菌苔交配来确定。例如，我们要分析菌株 3-3 的 *MAT***a** 和 *MATα* 单倍体分离的等位基因，这要通过一个分析它们与菌株 3-4 或 3-5 交配形成原养型二倍体的能力的实验来完成。原养型的形成反映了在测试菌株中，细胞的交配类型和标记（*his1*）的遗传互补性。因为我们已经知道测试菌苔的准确的基因型，由孢子克隆和各种菌苔间形成二倍体的表型我们可以推测出孢子克隆的基因型。在 Sherman 和 Hicks（1991）的文献里可以查到对用于四分体分析的各种方法和工具的描述。

菌株

3-1	GRY2501	*MAT***a**，*ura3-52*，*leu2-3-112*，*arg4-Δ42*，*trp2*，*cyh2*
3-2	GRY2502	*MATα*，*ura3-52*，*trp1-289*，*arg4-ΔBgl* Ⅱ，*ade1*
3-3	3-1×3-2	
3-4	AAY1018	*MAT***a**，*his1*
3-5	AAY1017	*MATα*，*his1*
3-6	GRY2506	*MAT***a**，*arg4-Δ42*，*his3Δ1*，*trp1-289*
3-7	GRY2507	*MATα*，*arg4-Δ42*，*his3Δ1*，*trp1-289*
3-8	GRY2508	*MAT***a**，*arg4-ΔBgl* Ⅱ，*his3Δ1*，*trp1-289*
3-9	GRY2509	*MATα*，*arg4-ΔBgl* Ⅱ，*his3Δ1*，*trp1-289*
3-10	GRY2510	*MAT***a**，*trp1-289*，*ura3-52*
3-11	GRY2511	*MATα*，*trp1-289*，*ura3-52*
3-12	GRY2512	*MAT***a**，*trp2*，*ura3-52*
3-13	GRY2513	*MATα*，*trp2*，*ura3-52*

注意：菌株 3-3 在 YPD 培养基上长期储存后可以形成孢子。二倍体可以通过菌株 3-1 和 3-2 杂交后重新构建。

程序

第 1 天

显微针的制备　四分体解剖针可以通过手工拉制细玻璃丝或使用“技术和方案 23，制备四分体解剖针”中描述的光学纤维玻璃丝来制备。将会演示针的准备过程并且提供给你一些必需品，以便你可以自己制备。针和固定器也可通过商业途径获得（供应商见 http://www.biosupplynet.com）。

用消解酶处理　在开始本课程前 3 天，指导教师会把二倍体菌株 3-3 接到孢子形成培养基上。在显微镜下观察形成孢子的培养物，并辨别未形成孢子的细胞以及四孢子子囊，以及少于四个孢子的子囊。每个学生将安排 3 天时间用 4 个活的孢子来制备 20 个解剖了的四分体，并用消解酶的方法来处理细胞。在“技术和方案 22，四分体解剖”中描述了四分体的显微操作。

第 3 天

完成四分体的解剖。

第 5 天

每个学生必须用无菌扁平牙签和模板（附录 D，平板划线模板）制备两块上面有 4 个活孢子菌落（每块板有 10 个四分体）的母板。每个平板上包括两个亲本对照菌株。在 30℃下过夜培养。

第 6 天

影印平板上的四分体到测试培养基　影印母板到以下培养基上：YPD、SC-leu、SC-arg、SC-ade、SC-trp、YPD＋cyh 和 6 个以上的 YPD 平板（在开始前见下面的提示）。第一块 YPD 平板作为新鲜的母板留作后用。其余的 YPD 平板用于将孢子菌落与测试菌株的交配。所有平板在 30℃下培养。

提示：从一块原平板做 12 次影印是一个大的工作量。在 6 次影印后，在影印模具上放一块新的绒垫，并用母板做新的影印。因为用了两次母板，第一次用绒垫要轻些影印，以便第二次影印时在原板上还保留有细胞。每次影印后要检查一下，应该能看到其相应于母板上排列方式的轻微的细胞沉淀。如果没有看到，要再试一次。另一种方法：孢子菌落接种到含有无菌水的一个微量滴定盘中，然后用多头接种器，即多头转接技术（frogging technique）将这些细胞转移到不同测试板上。在 *trp1* 和 *trp2* 菌株间能发生交叉给养（cross-feeding），因此轻微地影印到 SC- trp 板上是重要的。

交配型和等位基因测试菌的准备　在 5ml 的 YPD 培养基中培养测试菌株 3-4 到 3-13。或者，在 YPD 培养基上制备大块的测试菌株的菌斑。30℃下过夜培养。

第 7 天

交配型测试菌苔的准备　使用其中一种方法。

a. 离心 5ml 的 3-4 和 3-5 菌株培养物（桌面离心机 2000r/min，5min）。在一个无菌的旋盖试管中用 4ml YPD 重悬浮菌体。加 0.15ml 无菌水和 0.15ml 重悬的菌株 3-4 的培养物到两块 SD 平板（剩余细胞储备在 4℃）。用无菌棒将菌体涂匀，水平放置平板，使平板晾干。同样处理菌株 3-5。

b. 用收集棒从 YPD 平板上刮取菌株 3-4 的一个新鲜菌斑，重悬于 4ml 的 YPD 液体培养基中。过夜培养使之细胞浓度达到过饱和。涂 0.2ml 菌液到两块 SD 平板上。同样处理菌株3-5。液体挥干后，影印平板到菌苔上。

等位基因和互补测试菌苔的准备　除 *MAT***a** 和 *MAT*α 型测试菌株被置于同一块平板外，这些菌苔的准备与在“交配型菌苔”中的方法同样。准备4种类型的测试菌苔，并且每种准备两块。在SC-ura-his平板上涂开 *arg4* 测试菌苔（菌株3-6与3-7混合，菌株3-8与3-9混合）。对于Trp互补菌苔（菌株3-10与3-11混合，菌株3-12与3-13混合），将细胞涂到SC-trp平板上。在影印平板到菌苔上以前，让液体变干。

复制平板到测试菌苔　用6个前一天制备的四分体的YPD影印物作源影印到6个测试菌苔上。对于每个测试菌苔，均用一个新的绒垫，把YPD平板印在绒垫上，然后将测试菌苔平板印在绒垫上，以此来转移四分体到测试菌苔上。测试平板在30℃下培养过夜。

第 9 天

影印SC-ura-his平板上的 *arg4* 等位基因测试菌苔到SC-arg平板上并且冷藏。在当日结束时，由实验室助理收集平板，用STRATAGENE公司的Stratalinker 7500μJ的紫外线灯（254nm）照射。

分析交配型测试平板和Trp互补平板的生长情况。由于 *trp1* 缺陷菌株能与 *trp2* 缺陷菌株共生，需要影印SC-trp平板到一块新的SC-trp平板上并在第二天分析。

第 10/11 天

分析 *arg4* 等位基因测试平板及Trp互补平板。

第 11 天

确定在杂交中每种对标记发生分离后的PD、NPD和T型四分体的数量。在本实验末尾的记录单上记录PD/NPD/T型资料。此外，记录每个标记的第二次分裂分离的频率。通过搜寻在酵母基因组数据库（SGD；http://www. pathway. yeastgenome. org/）中的关于每个基因图谱的信息来确定每个基因与着丝粒间的距离。用收集的资料计算：
1）每个分析基因与所有其他分析基因间的图谱距离
2）每个基因与它的着丝粒间距离（如何与SGD提供的信息相比较?）
3）所有我们研究的等位基因的基因转换频率（3∶1或1∶3分离）

第 14 天

准备提交资料

材料

注意：为每个学生准备的数量：20个四分体。每组需要双份量。

第 1 天

用于准备显微操作针固定器的毛细管吸头

强力胶水

光学玻璃纤维

菌株 3-3 的孢子培养物

消解酶 100T（120493-1，Seikagaku America Inc.）溶液（0.5mg/ml 溶于 1mol/L 山梨醇中）

无菌蒸馏水

4 个 YPD 平板

第 5 天

2 个 YPD 培养管

无菌牙签

第 6 天

以下平板每种各两块：

SC-ade

SC-arg

SC-leu

SC-trp

YPD＋cyh

14 个 YPD 平板

4 个无菌绒垫

10 个含有 5ml YPD 液体的试管或 5 个 YPD 平板

第 7 天

10 个含有 4ml YPD 液体的试管

无菌水

4 个 SD 平板

4 个 SC-his-ura 平板

4 个 SC-trp 平板

12 个无菌绒垫

第 9 天

4 个 SC-arg 平板

4 个 SC-trp 平板

8 个无菌绒垫

参考文献

Fincham J.R.S., Day P.R., and Radford A. 1979. *Fungal genetics*. University of California Press, Berkeley.

Mortimer R.K. and Hawthorne D.C. 1966. Genetic mapping in *Saccharomyces*. *Genetics* **53:** 165–173.

——. 1969. Yeast genetics. In *The yeasts* (ed. A.H. Rose and J.S. Harrison), vol. 1, pp. 385–460. Academic Press, New York.

Mortimer R.K. and Schild D. 1981. Genetic mapping in *Saccharomyces cerevisiae*. In *The molecular biology of the yeast* Saccharomyces: *Life cycle and inheritance* (ed. J.N. Strathern et al.), pp. 11–26. Cold Spring Harbor Laboratory, Cold Spring Harbor, New York.

Perkins D.D. 1949. Biochemical mutants in the smut fungus *Ustilago maydis*. *Genetics* **34:** 607–626.

Sherman F. and Hicks J. 1991. Micromanipulation and dissection of asci. *Methods Enzymol.* **194:** 21–37.

实验Ⅲ：四分体分析；3-3 第__________组

姓名____________________

		MAT	TRP1	TRP2	CYH2	ARG4	LEU2	ADE1
	P							
MAT	**N**							
	T							
	P							
TRP1	**N**							
	T							
	P							
TRP2	**N**							
	T							
	P							
CYH2	**N**							
	T							
	P							
ARG4	**N**							
	T							
	P							
LEU2	**N**							
	T							

%SDS (与TRP)							
基因/着丝粒距离 (SGD)							

实验四　有丝分裂重组和随机孢子分析

在二倍体菌株中，世代交替时发生的有丝分裂交换、基因转变、染色体丢失都可能造成遗传信息的丢失。由于这些事件通常造成杂合菌株中一对杂合等位基因之一的丢失，故它们被称为杂合性丢失（LOH）。有丝分裂交换和基因转变的过程见图 4.1。有丝分裂交换导致距离染色体臂上交换点远端的所有基因杂合性丢失。有丝分裂基因转变仅仅造成一小段染色体区域（即一个基因或与其紧密连锁的几个基因）的非相互交换，认为它与减数分裂后观察到的低频率的不规则分离相类似（减数分裂基因转变）。造成一个染色体两臂上基因杂合性丢失的染色体丢失将产生 $2N-1$ 二倍体，这是否会对细胞生长产生损害取决于特定的染色体。

两个非姐妹染色单体间的有丝分裂交换通常发生在细胞分离的 G_2 期（图 4.1）。经过有丝分裂，一次交换可以产生两个部分染色体臂为纯合的子细胞，而该部分染色体臂在母细胞中是杂合的（由于纺锤体中染色体的随机取向，这种现象只在半数重组中发生）。因此，有丝分裂重组可以导致隐性等位基因的“暴露”。有一些标记，如来自纯合子细胞的“乳突”（papillating）或“伞状”（sectoring）性状标记，能够形成乳突或伞状菌落，从而可以在具有杂合型细胞的背景中观测出来。发生有丝分裂交换和有丝分裂分离的一个结果是，位于染色体臂上重组位点末端的所有标记基因同时得以纯合。利用有丝分裂重组数据可以建立一个染色体臂重组图谱。一个基因的纯合频率与其距离着丝粒的远近之间存在一定的线形关系。因此，利用不同重组子的相对频率数据就可以确定两个标记之间以及一个标记与其着丝粒间的相对距离。

有丝分裂基因转变也是 G_2 期非姐妹染色单体间重组的结果（图 4.1）。在这种情况下，仅仅是一段有限的染色体区段被纯合化，而远端的标记仍然保持杂合状态。如果有两个或更多的标记同时发生了纯合化，则很可能是由有丝分裂交换而不是由基因转变引起的，因为转变所涉及的染色体区段非常短（最多只有几千个碱基）。

值得注意的是，有丝分裂重组的自发频率很低，通常在 $10^{-6}\sim10^{-4}$，这取决于一个特定基因与其着丝粒间的距离和其他未知因素。染色体丢失发生的频率同样很低。为了较容易地观察到这种不常发生的 LOH 现象，通常必须进行一个选择或筛选。在本实验中，我们将利用刀豆氨酸抗性和 5-FOA 抗性筛选来鉴定发生了 LOH 事件的细胞。

实验设计

通过以下两种单倍体菌株的杂交产生一种二倍体菌株：

4-1　TSY812　*MATα can1 hom3 leu2 lys2 ura3*

4-2　TSY813　*MAT***a** *ade2 his1 lys2 trp1*

URA3 和 *CAN1* 在染色体Ⅴ的左臂，*HIS1* 和 *HOM3* 在染色体Ⅴ的右臂。*URA3* 和 *CAN1* 基因对于本实验特别适用，因为它们具有一种特性，即通过筛选技术可以有

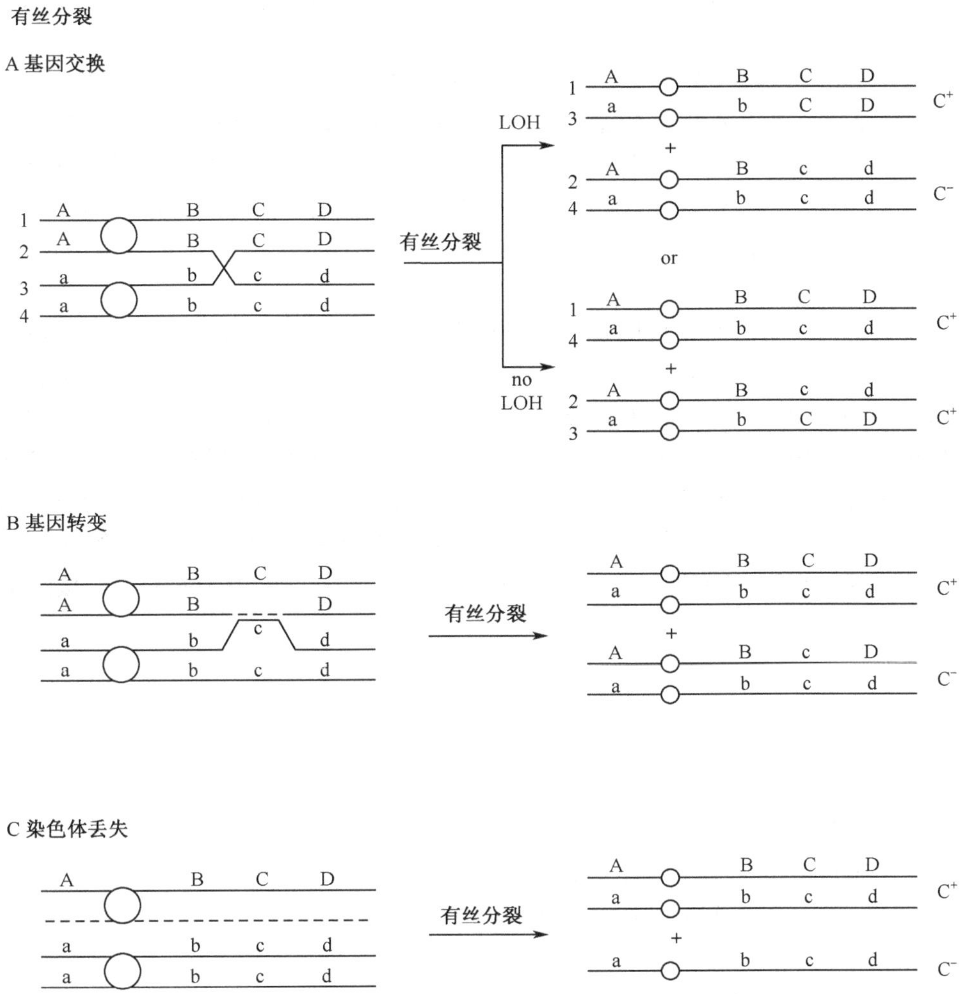

图 4.1　杂合标记在二倍体菌株中的有丝分裂分离

A. 基因交换；B. 有丝分裂的基因转变；C. 染色体丢失。

效地鉴定其隐性等位基因。从两基因座是杂合的二倍体开始，通过有丝分裂重组、染色体丢失或减数分裂而产生的 *ura3* 菌株可以利用其对 5-FOA 的抗性鉴定出来，而 *can1* 菌株则可以利用其对刀豆氨酸的抗性鉴定出来。

URA3 基因编码乳清酸核苷-5′-磷酸脱羧酶，该酶在嘧啶合成的一个步骤中起催化作用。5-FOA 被细胞吸收后，在这种脱羧酶的作用下转变成有毒性的化合物 5-氟尿嘧啶。*URA3*/*URA3* 纯合子、*URA3*/*ura3* 杂合子以及 *URA3* 半合子（在一个二倍体菌株中只有一份基因拷贝）都能将 5-FOA 转变为 5-氟尿嘧啶，故它们对 5-FOA 敏感（5-FOA^{S}），而 *ura3*/*ura3* 纯合子以及 *ura3* 半合子缺乏脱羧酶活力，故对 5-FOA 有抗性（5-FOA^{R}）。

CAN1 基因编码精氨酸通透酶，该酶容许细胞从培养物中吸收精氨酸。刀豆氨酸是一种有毒的精氨酸类似物，它可以在精氨酸通透酶的作用下被细胞吸收。*CAN1*/*CAN1* 纯合子、*CAN1*/*can1* 杂合子以及 *CAN1* 半合子都能够吸收刀豆氨酸，故对刀豆氨酸敏

感（Can^S），而 *can1*/*can1* 纯合子以及 *can1* 半合子由于缺乏通透酶，故对刀豆氨酸有抗性（Can^R）。

LOH 在每个座位发生的频率通过二倍体菌株 4-1×4-2 杂交后产生的 Can^R 和 5-FOA^R有丝分裂分离子来决定。这些频率将与单倍体菌株 4-2 中的 *URA3* 和 *CAN1* 的自发突变频率来比较。通过检测染色体Ⅴ的相反臂上的 Hom3 的表型就可以将有丝分裂重组与染色体丢失区分开来。通过观察在 *CAN1* 而不在 *URA3*，或在 *URA3* 而不在 *CAN1* 发生 LOH 的频率，就可以确定 *URA3* 和 *CAN1* 在染色体上与着丝粒的相对位置。

本实验的另一部分是使用随机孢子分析实验检验 4-1×4-2 双倍体的减数分裂重组。用这个方法对减数分裂产物进行分离和统计，无需进行四分体分析。当需要分析许多杂交体或鉴别一个罕见的重组子时，该方法是非常有用的，然而，必须认识到，当随机孢子分析被用来代替四分体分析时，有关着丝粒连锁、潜在的非整倍体以及运用四分体图谱功能更精确地确定遗传距离能力的信息将会丢失。这个方法的原理是通过从具有刀豆氨酸抗性的未产孢二倍体细胞中筛选单倍体减数分裂的分离子，这个细胞原本是 *CAN1*/*can1* 杂合子。所有减数分裂分离子中的一半是 Can^R，因为它们已经接纳了 *can1* 基因。

菌株

4-1	TSY812	*MATα can1 hom3 leu2 lys2 ura3*
4-2	TSY813	*MAT***a** *ade2 his1 lys2 trp1*
4-3	GRY2426	*MAT***a** *his3Δ1 met15Δ0*
4-4	GRY2427	*MATα his3Δ1 met15Δ0*

程序

第 1 天

把菌株 4-1 和 4-2 接到 YPD 平板上，在 30℃下培养。

第 3 天

上午，把菌株 4-1 和 4-2 进行杂交。把一个菌株 4-1 单菌落和一个菌株 4-2 单菌落转移到一个无菌的离心管中。加入 200μl 水，振荡，离心 30s。去除大部分的液体并将细胞转移到一块 YPD 平板上。30℃下培养 4h。在 YPD 平板上将杂交细胞进行划线。用四分体解剖显微镜和显微操作仪鉴定哑铃形合子并将它们移到 YPD 平板上一个开放的区域。在 30℃下培养。

此外，将混合菌在 SD+lys 平板上划线以筛选二倍体，在 30℃下培养。

第 5 天

将合子菌点板到 YPD 和 SD+lys 平板上，确定结果的正确性。以母菌株作对照。

从 SD+lys 平板仔细挑取二倍体并点在 SD+lys 和 YPD 平板上。

第 6 天

检查 SD+lys 平板鉴定 4-1×4-2 二倍体。

LOH　晚上，用菌株 4-1×4-2 二倍体接种 5ml YPD，用菌株 4-2 单倍体接种 5ml YPD 作对照，在 30℃下振荡培养。

减数分裂重组　为制备菌株 4-1×4-2 二倍体的孢子形成物，挑取二倍体接种在 YPD 平板上，在 30℃下培养过夜。

第 7 天

突变和 LOH　将菌株 4-1×4-2 二倍体混合培养液在无菌试管中制成 10 倍系列稀释度。用 100μl 的 10^{-1}、10^{-2} 和 10^{-3} 稀释液分别涂在 SC+5-FOA 和 SC-arg+刀豆氨酸平板测定 LOH 频率。同时，用 100μl 的 10^{-4} 和 10^{-5} 稀释液涂 YPD 平板，测定活细胞数量。为了测定 *CAN1* 和 *URA3* 的基因的自发突变率，需把菌株 4-2 单倍体细胞制成类似的稀释度。然后用 100μl 的 10^{-1} 和 10^{-2} 稀释液涂在 SC+5-FOA 和 SC-arg+刀豆氨酸平板。同样，也应取 100μl 的 10^{-4} 和 10^{-5} 稀释液涂 YPD 平板以测定活细胞数，所有的平板置于 30℃培养。

减数分裂重组　按照“技术和方案 10，随机孢子分析”，将 YPD 平板的菌株 4-1×4-2 二倍体转接到液体产孢子培养基中，置 25℃培养。

第 10 天

突变和 LOH　据选择性平板和 YPD 平板的菌落数，计算菌株 4-1×4-2 二倍体和菌株 4-2 单倍体 Can^R 和 5-FOA^R 的频率。用多头接种装置（frogger），对每种药物抗性菌株点接 22 个独立的菌落在 SC＋5-FOA、SC-arg＋刀豆氨酸、SC-met（为评估 *HOM3*）和 YPD 平板上。如果没有足够菌株 4-2 的 5-FOA^R 和 Can^R 菌落，可以涂仅有的，包括菌株 4-1×4-2 二倍体、亲本单倍体菌株 4-1 和 4-2 作为对照。

减数分裂重组　检查 4-1×4-2 培养物的孢子形成情况。如果培养物已经形成孢子，照“技术和方案 10，随机孢子分析”，进行酶解破开四分体，用随机孢子的稀释液涂平板。

第 11 天

突变和 LOH　根据片状或点状菌株的生长，计算 5-FOA 平板上初筛 Can^R 菌株的频率和在刀豆氨酸平板上初筛 5-FOA^R 菌株的频率。

第 13 天

使用多头接种装置，涂或点 45 个来自菌株 4-1×4-2 二倍体的独立的随机孢子菌落到三块 YPD 平板上以及下列平板上：SC-ura、SC-his、SC-met 和 SC-arg＋刀豆氨酸平板各一块。包括菌株 4-1×4-2 二倍体和亲本单倍体菌株 4-1 和 4-2 作为对照。

在 YPD 平板上开始杂交测试菌株 4-3 和 4-4。

第 14 天

检测随机孢子克隆的杂交型。从 YPD 平板上用多头接种装置将 0.2ml 的含有菌苔 4-3 的 YPD 培养物涂开到 SD 平板上。同样在 SD 平板上处理菌苔 4-4。

第 15 天

分析杂交型平板要扣除交配不良的菌株，因为它们或许不是单倍体分离子。此外，在 YPD 平板上显示为红（*ade2*）和白（*ADE2*）细胞混合的分离菌是可疑的。

第 16 天

减数分裂重组　根据点种的孢子菌落生长情况，测定 *CAN1*、*URA3*、*HIS1* 和 *HOM3* 基因之间的减数分裂重组频率。

材料

第 1 天

1 个 YPD 平板

第 3 天

1 个 YPD 平板
1 个 SD+lys 平板
无菌接种环或牙签
无菌水

第 5 天

1 个 YPD 平板
1 个 SD+lys 平板

第 6 天

1 个 YPD 平板
2 支含有 5ml YPD 的培养管

第 7 天

无菌离心管
5 个 SC-arg+刀豆氨酸平板
5 个 SC +5-FOA 平板
4 个 YPD 平板
液体孢子形成培养基
无菌水

玻璃涂布器
用于消毒的 70%乙醇

第 10 天

5 个 SC-arg+刀豆氨酸平板
2 个 SC +5-FOA 平板
2 个 SC-met 平板
2 个 SC-leu 平板
2 个 SC-his 平板
2 个 YPD 平板
无菌牙签/壳板钉
多头接种装置
2 块无菌 96 孔板
"技术和方案 10，随机孢子分析"中解剖四分体所需的材料

第 13 天

1 个 SC-arg+刀豆氨酸平板
1 个 SC-ura 平板
1 个 SC-met 平板
1 个 SC-his 平板
4 个 YPD 平板
无菌牙签/壳板钉
多头接种装置
1 块无菌 96 孔板

第 14 天

2 个 SD 平板
无菌绒垫

数据

组#

自发突变（菌株 4-2）

培养基	稀释度	菌落数	突变频率
5-FOA	10^{-1}		
	10^{-2}		
CAN	10^{-1}		
	10^{-2}		
YPD	10^{-4}		
	10^{-5}		

杂合性丢失菌株（菌株 4-1×4-2）

培养基	稀释度	菌落数	LOH 频率
5-FOA	10^{-1}		
	10^{-2}		
	10^{-3}		
CAN	10^{-1}		
	10^{-2}		
	10^{-3}		
YPD	10^{-4}		
	10^{-5}		

5-FOA^R（菌株 4-1×4-2）

#	Can	Met
1		
2		
3		
4		
5		
6		
7		
8		
9		
10		
11		
12		
13		
14		
15		
16		
17		
18		
19		
20		
21		
22		
4-1		
4-2		
4-1×4-2		

CAN^R（菌株 4-1×4-2）

#	5-FOA	Met
1		
2		
3		
4		
5		
6		
7		
8		
9		
10		
11		
12		
13		
14		
15		
16		
17		
18		
19		
20		
21		
22		
4-1		
4-2		
4-1×4-2		

减数分裂重组（随机孢子分析）

#	Can^R	Ura	His	Met
1				
2				
3				
4				
5				
6				
7				
8				
9				
10				
11				
12				
13				
14				
15				
16				
17				
18				
19				
20				
21				
22				
4-1				
4-2				
4-1×4-2				

#	Can^R	Ura	His	Met
23				
24				
25				
26				
27				
28				
29				
30				
31				
32				
33				
34				
35				
36				
37				
38				
39				
40				
41				
42				
43				
44				
45				

实验五　酵 母 转 化

酿酒酵母（*Saccharomyces cerevisiae*）是唯一能用于 DNA 转化的真核生物，且转入的 DNA 与酵母基因组 DNA 之间可以发生高频同源重组。转化实验成功需要具有以下条件：①一种适合的将 DNA 转入细胞的方法；②转入 DNA 的选择标记，该选择标记在相应的染色体上不会发生非回复突变；③克隆 DNA 所使用的载体可以在大肠杆菌和酵母中复制。

转化方法

原始的酵母转化方法是使用聚乙二醇（PEG）和 $CaCl_2$，把 DNA 和原生质体细胞共培养（Hinnen et al. 1978）。一种更加简便和广泛使用的方法是先使用碱性盐乙酸锂（LiAc）处理细胞，然后再与 DNA 和 PEG 共同培养（Ito et al. 1983）。DNA 也可由电穿孔法引入细胞（Hashimoto et al. 1985；Becker and Guarente 1991），即利用短暂的电脉冲使 DNA 渗入细胞中；玻璃珠搅动法（Costanza and Fox 1998）；包裹 DNA 颗粒轰击法（当前仅有的转化线粒体的方法）（Fox et al. 1998；Johnston et al. 1988）；细菌和酵母细胞的直接结合法（Heinemann and Sprague 1989）。究竟使用何种方法主要取决于实验目的、要转化的受体菌数量、还有要得到转化子的数量。转化效率通常是最重要的考虑因素，如果实验的目的仅是将质粒转入一个特定的菌株（仅需几个菌落），那么以上任何一种方法都适用于任意菌株的需要；如果实验的目的是为了建立达到 10^6 个转化子的筛选文库，那么必须仔细选择所要使用的菌株和转化方法。在最适合的条件下，使用原生质体培养、乙酸锂处理和电穿孔均可以产生高的转化频率。

选择标记

尽管酵母的转化效率很高，但每次转化实验的细胞中仅有一小部分细胞能被转化。因此，必须有合适的选择标记来筛选那些真正发生转化的细胞。在酵母转化实验中，最常用的选择标记是利用某种特定的营养缺陷型。例如，酵母的 *LEU2* 基因编码 β-异丙基苹果酸脱氢酶，能够与 *leu2* 突变株的亮氨酸缺陷型产生互补。其他一些常用的选择标记包括 *URA3*，其突变的结果为尿嘧啶缺陷型；*HIS3*，其突变的结果为组氨酸缺陷型；*TRP1*，其突变的结果为色氨酸缺陷型。导致营养缺陷型的相应染色体突变与选择标记具有相同的重要性。这种突变应该是彻底的隐性突变和非回复性突变。例如，*leu2-3*，*112* 突变体是一种双移码突变，有极低的回复频率（$<10^{-10}$），可完全和野生型 *LEU2* 基因互补。最近，显性抗药性基因已经被当作选择标记使用于酵母转化实验中，如同细菌转化一样（Hadfield et al. 1990）。显性抗药性基因的潜在优势在于它与酵母基因组没有任何同源性。

载体系统

在转化过程中，转入了DNA的酵母细胞可以通过将DNA整合到染色体或通过DNA自主复制的方式来保持该DNA。它在酵母中只有通过同源重组才会发生染色体整合。一旦整合到染色体中，转化DNA就可以成为染色体的一部分，在有丝分裂和减数分裂分离过程中同染色体一样保持高度的忠实性。用于整合的质粒有一个酵母选择标记，而不含其他任何酵母元件。自主复制要求DNA含有一个复制起始点。最初被称为ARS（自主复制序列）元件，它既可以是染色体DNA的复制起始点，也可以是来自酵母内源2μ质粒的复制起始点。由于酵母复制起始点是一段非常简单而且短的DNA序列，偶尔发现来自其他生物的DNA也具有酵母ARS活性。为了使酵母细胞发生稳定的转化，转化DNA要么必须具有与酵母基因组进行整合所必需的高度同源性，要么必须含有一个ARS元件。

仅仅具有一个染色体ARS元件的质粒（ARS质粒），其拷贝数的变化范围较大，并且在分裂中通常不分离给子细胞（Murray and Szostak 1983），从而造成高频率的质粒丢失。自主复制质粒也可以含有一个着丝粒或CEN元件。一个CEN/ARS质粒（CEN plasmid）比简单的ARS质粒更加稳定，因为着丝粒在有丝分裂中使质粒附着在纺锤体上，从而保证了质粒同时分配到子细胞和母细胞中。由于分离的高度忠实性，使得质粒的拷贝数在每个细胞中保持1或2个。CEN质粒在减数分裂中呈典型的2：2分离（如果细胞只有一个拷贝）或4：0（如果细胞至少有两个拷贝）的分离比例。

一个含有2μ复制起始点（基于2μ质粒）的自主复制质粒在有丝分裂中表现出与CEN质粒一样的分离忠实性，但拷贝数则高得多，通常每个细胞含有20～50个拷贝。2μ质粒分离的高度忠实性依赖于内源2μ质粒的存在。如果菌株中缺乏内源2μ质粒，那么引入的2μ质粒将会按照ARS质粒的方式进行分离（Murray and Szostak 1983）。

已经对很多较早的酵母质粒进行了系统命名。这个系统中，用YIp表示整合质粒，用YRp表示ARS质粒，用YCp表示CEN质粒，用YEp（E表示附加体）表示2μ质粒。因为YRp质粒很不稳定，故使用的很少。

所有标准的酵母载体除含有酵母特有的元件外，还含有一个细菌复制起始点和一个细菌选择标记，这个标记通常为氨苄青霉素抗性标记。较早的载体（YIp5，YEp24，YCp50）通常来源于pBR322骨架。较新的载体成分一般来源于如下的质粒骨架：在细菌中有较高的拷贝数，具有一个有用的多接头序列，同时还具有用于方便DNA测序的单链噬菌体复制起始点。Sikorski和Hieter（1989）构建了一套设计完美的酵母载体，本实验将使用该套载体。它们全部来自于pRS306并插入了*URA3*作为选择标记，图5.1显示了这套载体的结构：pRS306插入一个CEN/ARS元件构成了pRS316；而pRS426是pRS306插入一个质粒2μ复制起始点（多接头的方向发生了颠倒）的衍生质粒；pJS801是带有一个酵母基因组片段的pRS306，而且该片段包含了在多接头位点插入的酵母*LEU2*基因。

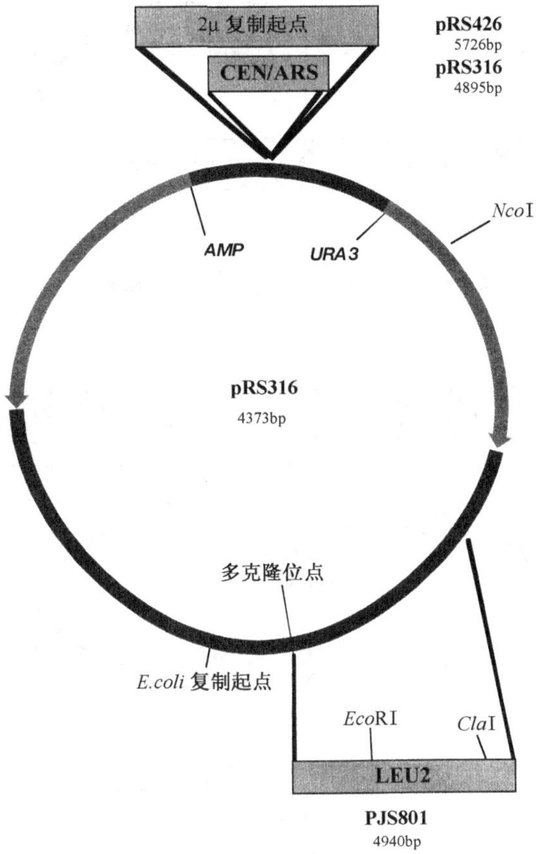

图 5.1　实验使用的质粒

实验五（A）　整合

在大多数情况下，通过一次单交换，一个环状质粒整合到酵母基因组中，同时在质粒上的一段酵母序列产生同向重复，如图 5.2 所示。需要指出的是，整个质粒都发生了整合，包括其中的细菌序列和酵母选择标记——现在这些成分被作为整合位点的物理标记和表型标记。本实验使用的质粒 pJS801，有两个区段与酵母基因组具有同源性：*URA3* 基因是亲本载体 pRS306 的一部分，并且 *LEU2* 基因插入到 pRS306 多接头位点。

质粒 pJS801 由于缺乏 ARS 元件而不能在酵母中复制，所以只能通过整合来转化酵母细胞。整合通过同源重组既可以发生在 *URA3* 基因座（实际上在这里使用的是 *ura3-52* 基因座）也可发生在 *LEU2*（*leu2-3*，*112*）基因座（图 5.2）。在与酵母基因组具有同源性的区域切断质粒将会极大地提高该位点重组的特异性和频率（Orr-Weaver et al. 1981）；这种游离末端具有很高的重组性，因而能够提高整合频率，几乎可以使转化率提高 100 倍。在本实验中，未酶切的质粒 pJS801 将以很低的效率转化 5-1 菌株并在 *ura3* 或 *leu2* 进行整合。在 *URA3* 中的 *Nco*I 位点切断 pJS801 将在 *ura3* 发生近 100%的整合，在唯一的 *LEU2* 中的 *Eco*R I 位点切断 pJS801 则在 *leu2* 位置也发生近 100%的整

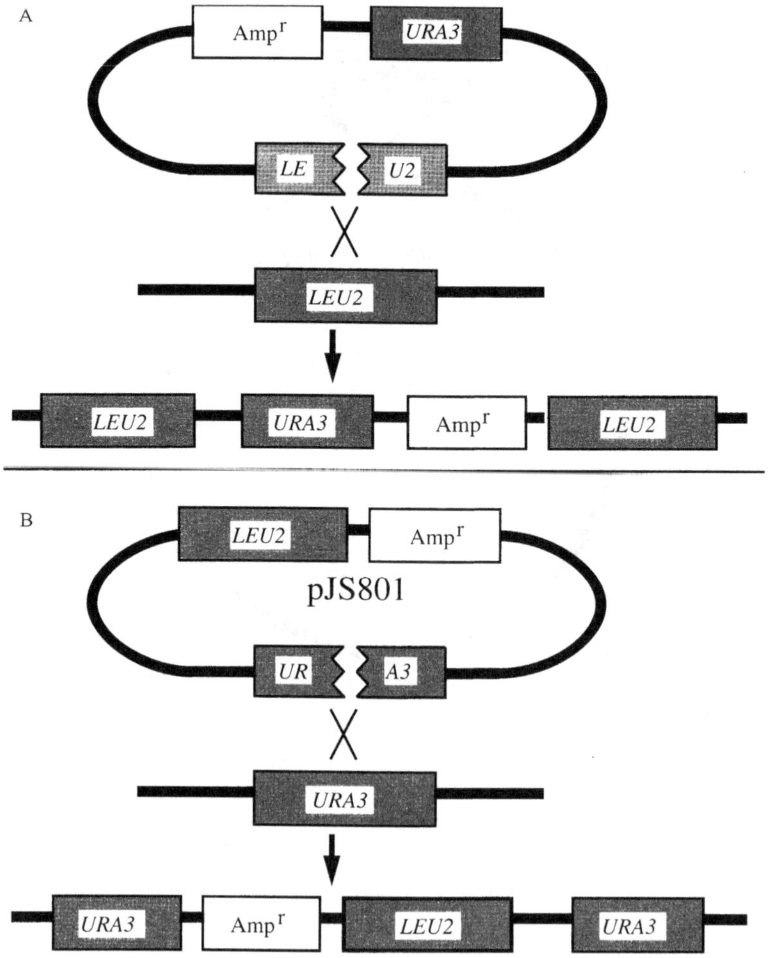

图 5.2　质粒 pJS801 在 *LEU2*（A）或 *URA3*（B）基因座的整合

合。注意，pJS801 在 *leu2* 位置整合的一些转化子将是 Leu^- 型，因为发生双链断裂修复产生基因转变。

发生在基因座的整合可用遗传和物理手段加以证实。在本实验中，将转化子与测试菌进行杂交以确定整合位点。通过与 *LEU2* 菌株的杂交即可检出在 *leu2* 基因座的整合。如果质粒在 *LEU2* 基因座发生了整合，那么质粒的 *URA3* 基因将与 *LEU2* 基因座在遗传上紧密连锁，因此，每个四分体都具有两个 Ura^+ Leu^+ 和两个 Ura^- Leu^+ 孢子的 PD 型。通过与 *URA3* 菌株杂交可以检测出在 *ura3* 基因座的整合。如果质粒在 *ura3* 基因座发生了整合，那么质粒的 *URA3* 基因将与 *ura3* 基因座在遗传上紧密连锁；因此，每个四分体都具有四个 Ura^+ 孢子的 PD 型。作为练习，假如质粒在 *leu2* 而不是 *ura3* 基因座发生整合，请预测与 *URA3* 菌株杂交的结果。

实验五（B）　复制及其稳定性

用自主复制质粒 pRS316 和 pRS426 转化菌株 5-1，这些质粒的转化效率比整合型质粒的转化效率要高。将对这些质粒有丝分裂和减数分裂的稳定性进行测定。

菌株

5-1 TSY623 *MATα ade2-101 his3-Δ200 leu2-3,112 ura3-52*
5-3 TSY1017 *MAT***a** *his3-Δ200 leu2-3,112 trp1-1 ura3-52*
5-4 TSY808 *MAT***a** *lys2-801*

质粒

pJS801 *LEU2 URA3*
pRS316 *CEN URA3*
pRS426 *2μ URA3*

程序

第 1 天

把菌株 5-1 接到 YPD 平板上，在 30℃下培养。

第 3 天

上午，把菌株 5-1 单菌落接种 5ml 的 YPD 进行活化，在 30℃下振荡培养。晚上，用血球计数器测定细胞浓度。假定增殖一代的时间约需 100min，计算加到 100ml YPD 中的预培养物的体积以便在第 4 天上午 10 时使培养物细胞浓度达到 2×10^7 个/ml。

第 4 天

用离心机以 2000r/min 离心收集细胞，按“技术和方案 1，酵母的高效转化”的 LiAc 转化法，在下列条件下转化菌株 5-1。

实验	受体菌	DNA	酶解	选择培养基
A	5-1	pJS801	无	SC-ura
	5-1	pJS801	*Nco* I	SC-ura
	5-1	pJS801	*Eco*R I	SC-ura
B	5-1	pRS316	无	SC-ura
	5-1	pRS426	无	SC-ura
对照	5-1	无	无	SC-ura

第 6 天

影印平板上 pJS801 转化子到 SC-leu 和 SC-ura 平板上。

第 7 天

1）为分析转化子，把它们与测试菌株杂交。对于 pJS801 转化子，用无菌牙签或接种环从每个转化板上仔细挑取两个 Ura^+ Leu^+ 菌落，与测试菌 5-4 在 YPD 平板上混合。减数分裂稳定性通过与测试菌 5-3 杂交形成二倍体来测试。用一个 pJS801*Nco* Ⅰ转化子杂交测试菌株 5-3。对 pRS316 和 pRS426 转化子，仔细挑取两个 Ura^+ 菌落，并与测试菌 5-3 在 YPD 平板上混合。在 30℃下培养过夜。

2）有丝分裂稳定性测定要求在转化平板上把转化子从未转化的细胞中纯化出来。纯化两个从 *Nco* Ⅰ切点整合的转化子（实验五 A 在第 4 天），在 SC-ura 平板上用划线法纯化 pRS316 和 pRS426 质粒转化子（实验五 B 在第 4 天）。在 30℃下培养。

第 8 天

把含有杂交菌的 YPD 平板影印到下面描述的适当的选择培养基上。仅使杂交形成的二倍体细胞能够在选择平板上生长，在 30℃下培养。

转化子	测试菌	选择培养基
整合位点		
5-1＋ pJS801（未切）	5-4	SD
5-1＋ pJS801（*Nco* Ⅰ）	5-4	SD
5-1＋ pJS801（*Eco*R Ⅰ）	5-4	SD
减数分裂稳定性检测		
5-1＋ pJS801（*Nco* Ⅰ）	5-3	SD＋his＋leu
5-1＋ pRS316	5-3	SD＋his＋leu
5-1＋ pRS426	5-3	SD＋his＋leu

第 9 天

1）制备孢子，把生长在选择平板上的二倍体接到 YPD 平板上，室温培养 1 天。

2）从来自 SC-ura 平板上纯化的转化子单菌落中用牙签取细胞接到 5ml YPD 培养液中（全部 6 种培养物），在 30℃下振荡培养过夜。

第 10 天

1）把二倍体菌落从 YPD 转接到产孢子培养基（分别用液体和平板培养，比较孢子形成的效率），室温培养几天。

2）对过夜培养的 5ml YPD 培养物用无菌水做系列稀释度，涂 YPD 平板，尽量控制在 100～300 个菌落/平板，在 30℃下培养。

第 13 天

1）开始解剖包括转化子在内的杂交四分体。对每个杂交实验，解剖 10 个四分体。四分体平板均在 30℃下培养。

2）把拥有适当数量菌落的 YPD 平板影印到 SC 和 SC-ura 平板，在 30℃下培养。

第 15～16 天

1）当四分体在解剖板上长好后，影印 pJS801 转化子与菌株 5-4 的杂交体到 SC-ura、SC-leu 和 YPD 平板上，在 30℃ 下培养并测定 *URA3* 和 *LEU2* 的分离。对于 pJS801、pRS316 和 pRS426 转化子与菌株 5-3 的杂交体，影印平板到 SC-ura 平板上来监测质粒分离/稳定性，影印到 SC-trp 平板上来测定着丝粒的分离。
2）统计经过在 YPD 平板上非选择性生长后，保留 Ura^{+} 性状的细胞数。

材料

注意：提供的数量针对每组的需要。

第 1 天

1 套 YPD 平板

第 3 天

1 支含有 5ml YPD 的培养试管
含有 100ml YPD 的锥形烧瓶

第 4 天

“技术和方案 1，酵母的高效转化”方法中所需要的材料
6 个 SC-ura 平板

第 6 天

3 个 SC-ura 平板
3 个 SC-leu 平板

第 7 天

3 个 YPD 平板
3 个 SC-ura 平板

第 8 天

1 个 SD 平板
1 个 SD＋his＋leu 平板

第 9 天

2 个 YPD 平板
6 支培养管，每支含有 5ml 的 YPD

第 10 天

18 支培养管，每支含有 5ml 的无菌水
12 个 YPD 平板
12 支培养管，每支含有 2ml 孢子形成培养基
2 个产孢子平板

第 13 天

10 个用于四分体解剖的 YPD 平板
6 个 SC 平板
6 个 SC-ura 平板

第 15 天

6 个 SC-ura 平板
3 个 SC-leu 平板
6 个 YPD 平板
3 个 SC-trp 平板

参考文献

Becker D.M. and Guarente L. 1991. High-efficiency transformation of yeast by electroporation. *Methods Enzymol.* **194:** 182–187.

Costanza M.C. and Fox T.D. 1988. Transformation of yeast by agitation with glass beads. *Genetics* **120:** 667–670.

Fox T.D., Sanford J.C., and McMullin T.W. 1988. Plasmids can stably transform yeast mitochondria lacking endogenous mtDNA. *Proc. Natl. Acad. Sci.* **85:** 7288–7292.

Hadfield C., Jordan B.E., Mount R.C., Pretorius G.H.J., and Burak E. 1990. G418-resistance as a dominant marker and reporter for gene expression in *Saccharomyces cerevisiae. Curr. Genet.* **18:** 303–313.

Hashimoto H., Morikawa H., Yamada Y., and Kimura A. 1985. A novel method for transformation of intact yeast cells by electroinjection of plasmid DNA. *Appl. Microbiol. Biotechnol.* **21:** 336–339.

Heinemann J.A. and Sprague G.F. 1989. Bacterial conjugative plasmids mobilize DNA transfer between bacteria and yeast. *Nature* **340:** 205–209.

Hinnen A., Hicks J.B., and Fink G.R. 1978. Transformation of yeast. *Proc. Natl. Acad. Sci.* **75:** 1929–1933.

Ito H., Fukuda Y., Murata K., and Kimura A. 1983. Transformation of intact yeast cells treated with alkali cations. *J. Bacteriol.* **153:** 163–168.

Johnston S.A., Anziano P., Shark K., Sanford J.C., and Butow R.A. 1988. Transformation of yeast mitochondria by bombardment of cells with microprojectiles. *Science* **240:** 1538–1541.

Murray A.W. and Szostak J.W. 1983. Pedigree analysis of plasmid segregation in yeast. *Cell* **34:** 961–970.

Orr-Weaver T., Szostak J., and Rothstein R. 1981. Yeast transformation: A model system for the study of recombination. *Proc. Natl. Acad. Sci.* **78:** 6354–6358.

Sikorski R.S. and Hieter P. 1989. A system of shuttle vectors and yeast host strains designed for efficient manipulation of DNA in *Saccharomyces cerevisiae. Genetics* **122:** 19–27.

实验六　合成致死突变体

酵母基因组计划的领先成果之一是建立了全套的缺失突变体。在基因纯化的 S288C 背景下，实验室联合协作构建每个基因的缺失突变体，这一遗传背景含有 *ura3Δ0his3Δ1leu2Δ0* 等位基因(http://www. sequence. stanford . edu/group/yeast _ deletion _ project/deletions3. html)。

ura3Δ0 和 *leu2Δ0* 是完全缺失，并且等位基因 *his3Δ1* 是在基因 *HIS3* 内部的 187bp 碱基的缺失。所有其他可读框的缺失是通过一步基因置换法来构建的，它采用了聚合酶链式反应（PCR）来源的片段和 pFA6a 质粒家族的 G418 抗性（$G418^r$）区。每个缺失都是在二倍体中构建的，以便结果是杂合体菌株。正确的整合通过 PCR 和四分体确认。通过缺失可以划分两大类基因：非必需基因被定义为它的缺失突变是可以存活的，因此，来自这些菌株的四分体含有四个可存活的孢子，其中的两个是 G418 抗性（$G418^r$）；必需基因通过突变体来判明，即产生两个存活孢子，两个都不是 G418 抗性（$G418^r$）。

缺失突变体菌株可以从两个来源购买。美国模式菌种收集中心（ATCC）负责美国的发行，欧洲酿酒酵母功能分析库（EUROFAN）负责欧洲的发行。全套的带有非必需基因缺失的菌株可以以单倍体和二倍体形式提供，全套基因缺失的菌株（必需和非必需基因）可以以纯合或杂合二倍体的形式提供。

所有基因的精确缺失为酵母遗传学的优势加上了两个重要的手段。第一，它们代表了完全突变的最终状态。一旦为了某个表型筛选突变体时，你能确信所有可能的突变体已经被鉴定了，因为你已经筛选了整套缺失。第二，如果你要鉴定带有一个令人感兴趣表型的突变体，你可以确定功能到某个基因上，并且鉴定结果是完全肯定的。在大多数情况下，并不需要克隆和鉴定结果。但是，由于在敲除菌株的收集中可能发生污染，你或许要确定该鉴定过的菌株确实含有敲除了预期基因的等位基因。由于每个敲除的等位基因由一个独特的“条形码”加以标记，并且两侧采用通用引物，鉴定可以简单地通过 PCR 和一个单独的测序反应来确定。

缺失突变的最通常的用途是用来筛选特殊的表型（例如，药物抗性或敏感性）。在多伦多大学，Charlie Boone 设计了一种简便的方法，使用缺失突变来鉴别双突变的遗传相互作用（Tong et al. 2001，2004；Hartwell 2004）。我们使用 Charlie 的方案来鉴定在 *mad2*∷*NAT* 等位基因和缺失突变间的合成致死突变的相互作用。合成致死的原则是每个单突变是可以存活的但双突变是无法存活的。如果你有一个感兴趣基因 *yfgΔ1* 缺失的菌株是能存活的，并且一个互作基因（*iagΔ1*）缺失的菌株也是可存活的，但 *yfgΔ1 iagΔ1* 双突变是无法存活的。那么你就有了一个合成致死相互作用。在 Charlie Boone 方法提出前，质粒是在使用甲基硫酸乙酯（ethylmethanesulfate）进行随机诱变后被用来鉴定合成致死突变的。而我们使用杂交、减数分裂和一个很强的单倍体选择来鉴定双突变和测定合成致死。

对假设的合成致死相互作用的确认是通过随机孢子分析进行的。随机孢子分析的基本原则在实验四中作了解释。通常的过程是构建二倍体杂合菌株自带两个隐性的诸如 *can1* 和 *cyh2* 抗药性标记。二倍体形成孢子并且孢子被涂在含有放线菌酮和刀豆氨酸的培养基上。对两种隐性标记的选择确保了在培养基上生长的细胞是二倍体的。对待测菌株的改进是用基因替换方法，用 P_{STE2}-*his*5^+ 融合替换产生 *can1* 突变子的 *CAN1* 基因。基因 *STE2* 编码 α 因子受体，*MAT*α 细胞产生接合信息素。它既是单倍体特异性基因（仅在单倍体中表达），也是 *MAT***a** 特异的（仅在 *MAT***a** 细胞中表达）。开始菌株是 *MAT*α 型并且有 P_{STE2}-*his*5^+ 融合。我们已经缺失掉 *MAD2* 基因来产生 *mad2*∷*NAT* 等位基因（菌株 6-2）。

菌株 6-1 通过一步基因替换法产生缺失，并且具备了 G418 抗性。非必需基因敲除的集合体大约有 5000 个菌株，每个含有一个不同的突变（*orf*∷*G418*）。

本实验中，指导者早前将菌株 6-1 与每个缺失突变进行了杂交。二倍体事先已在含有 NAT 和 G418 的完全合成（SC）培养基上进行了选择，并且二倍体是形成孢子的。在含有刀豆氨酸（can）的 SC-his 培养基上挑取单倍体，即为含有非必需基因缺失并且已经经过减数分裂的单倍体 *MAT***a** 细胞。此菌株的优点是获得的单倍体不能发生接合，因为它们都是 *MAT***a** 型。在 SC-his-arg＋can＋G418 和 SC-his-arg-can＋G418＋NAT 培养基上依次测试单倍体的生长。如果合成致死存在，将无法得到双突变并且在 G418＋NAT 上无法见到生长（培养基中所有的 SC 除了用 1mg/ml 谷氨酸一钠代替 5mg/ml 硫酸铵作氮源外，培养基按标准配方配制。这一修改确保在合成培养基中 G418 是有效的）。

细胞用从 V&P Scientific（http://www.vp-scientific.com/htdocs/）购买的 384 可移动复制针接种工具进行转移。

菌体将提供在 Nalgene 的正方形 Omnitray 盘中。菌体在一个 384 孔培养板中并且 19 个培养板即覆盖整个非必需基因突变子的全部。转移通过一个“菌体复制器”完成，它可以让你恰当地确定方向。本实验中，我们已经作了杂交、选择二倍体和形成孢子。提供给你 KAc 孢子形成板。筛选合成致死突变体后，你将重新获得形成孢子的二倍体并且通过两次二级检测来重新检测它们以减少筛选中的假阳性。一个是半定量随机孢子分析，第二个是定量随机孢子分析。

菌株

6-1　BY4741　*MAT***a** *ura3Δ0 his3Δ0 leu2Δ0 met15Δ0*

6-2　2466-1　*MAT*α *ura3Δ0 his3Δ0 leu2Δ0 lys2Δ0 cyh2 can1*∷P_{STE2}-*his5*$^+$ *mad2*∷*NAT*

第 1 天

你将获得两个含有二倍体孢子的 Omnitray 盘。首先将注意力转向带 384 孔针接种工具（pinning tool）的座板及各清洗座板。每个清洗座板上放有塑料托盘，两个装有 100ml 水，一个装有漂白剂，三个装有更多的水。最后一个是装有乙醇的 Pyrex 碟。把工具浸入托盘中，每次冲洗后放置在托盘的盖子上。非常重要的是针要悬浮在水或漂白剂中并且不要碰触到底部。在每个盘子中洗针接种工具 1min。清洗完毕后，在乙醇中浸泡工具并在火焰上烧灼。转动工具 180°，浸泡乙醇，再次用火焰烧灼。小心不要烧伤自己。

1）水中 1min

2）水中 1min

3）漂白剂中 1min

4）水中 1min

5）水中 1min

6）水中 1min

浸泡乙醇后烧灼⟶转动 180°⟶浸泡乙醇后烧灼

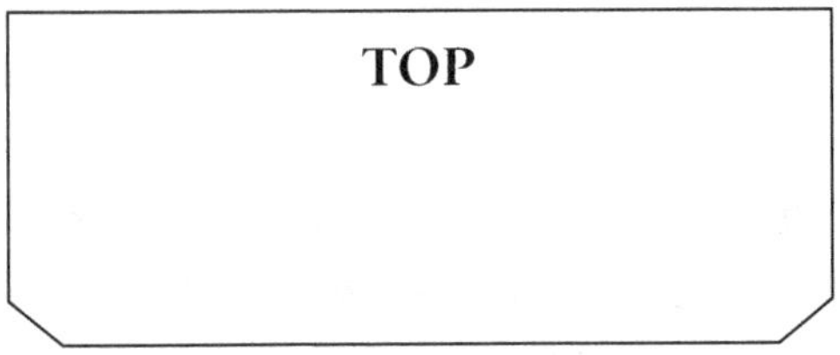

拿掉平板盖子，平板如同上图显示放置，有缺角的边缘向下。将拷贝器放置在平板上，并使带有四个洞的针孔指示标记在底部。拷贝器有两面，正确的一面有 4 个孔：

不正确的一面有 16 个孔：

复制器（针接种工具）的指针必须进入 C 位置（见上）的两个孔（有一个孔在拷贝器的另一面）。仔细挑取细胞，从原板上拿掉复制器，重新盖上盖子。从待拷贝平板（SC-his-arg ser＋can＋2mmol/L 3AT＋G418）上移走盖子，放上第二个复制器，按标有“C”的指示孔的指示针接种细胞。

如同上面描述的冲洗过程冲洗针接种工具。放平板在 30℃。用石蜡膜缠绕包裹 KAc 板并在 4℃冷藏。

第 3 天

针接种细胞到 SC-his-arg＋can＋G418 和 SC-his-arg＋can ＋G418＋NAT 板上。如同上面描述的冲洗并灭菌针接种工具。平板在 30℃保温。

第 4 天

比较在 SC-his-arg＋can＋G418 和 SC-his-arg＋can3AT＋G418＋NAT 板上菌体的生长。记下能在 SC-his-arg＋can＋G418 板上生长但不能在 SC-his-arg＋can＋G418＋NAT 板上生长的菌体。它们在板上会有一个位置。如同上面描述的，当观察在板上的标准位置时，384 格式板上的排是 A～P，行是 1～24。因此，菌株的位置是“板、排、行”。例如，如果你的 4 号板上有一个菌体在 K 排 4 行上可以在 SC-his-arg＋can＋G418 板上生长，但不能在 SC-his-arg＋can＋G418＋NAT 板上生长，它是合成致死组合（4-K-4）的候选者。

查找网址 http://bud02. micr. virginia. edu：8080/yscgenomics. 打开链接“EUROSCARF Deletion Strains（384-well format）.”在上面的面板上，搜寻 4 号板 K 排 4 行。答案应该是 *cin1* 。

第 6 天

从冰箱中取出 KAc 板（第 1 天保存的）。向 96 孔微量滴定碟中的每个孔里加入 200μl 的无菌水。鉴别来自筛选的可能的突变体，并且仔细地重悬 1/4 的你正检测的孢子细胞到第 1、4、7 和 10 排孔中（由于在后面需要较多的孢子，不要用掉所有的孢子）。对每次培养，取 20μl 进行两次 10 倍稀释。例如，如果你拥有细胞于 A-1 孔中，就进行逐次 10 倍稀释到 A-2 和 A-3 孔中。用石蜡膜封闭 KAc 板并放回冰箱。从 SC-his-arg-ser＋can＋cyh，SC-his-arg＋can＋cyh＋G418，和 SC-his-arg＋can＋cyh＋G418＋NAT 板上获取孢子。

第 8 天

对平板计分。令人感兴趣的突变体生长在 SC-his-arg＋can＋cyh 和 SC-his-arg＋can＋cyh＋G418 板上，但不在 SC-his-arg＋can＋cyh＋G418＋NAT 板上。

第 10 天

从冰箱中拿出 KAc 板（第 1 天保存的）。把孢子加入到 200μl 无菌水中并将 50μl 涂在 SC-his-arg-ser＋can＋cyh 板上。

第 12 天

复制平板到 SC-his-arg＋can＋cyh＋G418 平板，SC-his-arg＋can＋cyh＋NAT 平板，和 SC-his-arg＋can＋cyh＋G418＋NAT 平板上。

第 13 天

对平板计分并记录数据。

参考文献

Hartwell L. 2004. Genetics. Robust interactions. *Science* **303:** 774–775.

Tong A.H., Evangelista M., Parsons A.B., Xu H., Bader G.D., Page N., Robinson M., Raghibizadeh S., Hogue C.W., Bussey H., Andrews B., Tyers M., and Boone C. 2001. Systematic genetic analysis with ordered arrays of yeast deletion mutants. *Science* **294:** 2364–2368.

Tong A.H., Lesage G., Bader G.D., Ding H., Xu H., Xin X., Young J., Berriz G.F., Brost R.L., Chang M., Chen Y., Cheng X., Chua G., Friesen H., Goldberg D.S., Haynes J., Humphries C., He G., Hussein S., Ke L., Krogan N., Li Z., Levinson J.N., Lu H., Menard P., Munyana C., Parsons A.B., Ryan O., Tonikian R., Roberts T., Sdicu A.M., Shapiro J., Sheikh B., Suter B., Wong S.L., Zhang L.V., Zhu H., Burd C.G., Munro S., Sander C., Rine J., Greenblatt J., Peter M., Bretscher A., Bell G., Roth F.P., Brown G.W., Andrews B., Bussey H., and Boone C. 2004. Global mapping of the yeast genetic interaction network. *Science* **303:** 808–813.

实验七 基因置换

基因置换是酵母研究中最有效和最重要的技术之一。这种技术能使一个在染色体正常位置的基因与其离体条件下构建的等位基因进行置换，使置换前后的菌株仅仅在这个特殊的等位基因上存在遗传差异。利用这种方法可以分析在基因克隆中由无效突变(null mutation)* 或其他任何类型突变所引起的表型变化。无论在理论上或在实践中，一个被克隆的酵母基因均有可能发生突变，然后通过重组进入基因组，从而精确的置换野生型等位基因。

测定一个基因的无效表型是研究该基因功能的关键一步。首先，它揭示了这个基因是否是生长所必需的。其次，如果这个基因不是生长所必需的，该方法又可以用来研究完全丧失了某种特殊功能（由于该基因的置换所致）的菌株。为了检测到由无效突变引起的表型变化，基因置换一般应在二倍体菌株中进行，以防单倍体菌株的无效突变体无法生存。这种现象可以通过孢子繁殖中的四分体分析观测到。如果这个基因是生存所必需的，则四分体孢子的分离比为 2∶2；如果这个基因是生存非必需的，则四个孢子都能存活，其中有两个存活孢子属于无效突变体。

实验七（A） 一步基因破坏法

通常，一步基因置换（Rothstein 1983）是利用包含有突变等位基因且与欲整合基因座具有末端同源的限制性片段通过转化而实现的。但是，为了构建具有突变等位基因的片段，就必须对目标基因进行克隆，然后用限制性内切酶酶解，使基因或基因的一部分被一段在酵母中编码选择性标记的 DNA 片段所置换。Amberg 等（1995）、Lafontaine 和 Tollervey（1996）以及 Wach（1996）都描述了另一种基于聚合酶链式反应(PCR）的更简单、更精确的方法。现在，使用基于 PCR 的基因置换法进行各类操作已十分普遍。这里我们使用的是由 Longtine 等（1998）设计的类似的实验方法。

PCR 介导的基因破坏法的根据是，酵母中线性 DNA 片段间的同源重组效率非常高，仅需 40bp 同源区即可进行相当高效率的重组。但是，一些基因座难以使用较短的同源序列标定，这种情况下，可以利用双融合 PCR 法（Amberg et al. 1995）合成位于 DNA 标记两侧的较长的同源区。PCR 介导的基因破坏法和酿酒酵母全基因组序列相结合，使得在任何菌株中构建任何基因的无效突变成为可能。我们使用质粒 pFA6a-kanMX6，它包含有一个带有 kanMX6 模块的表达框。其中含有的已知具有卡那霉素抗性的可读框来自于融合到丝状棉病囊菌 *TEF1* 基因转录、转译控制序列的大肠杆菌转座子 Tn*903*。该表达框在酿酒酵母中的表达对氨基糖苷 G418 产生抗性。我们使用“融合”PCR 引物，在其 3′端含有 20bp 与 kanMX 框 5′和 3′端同源序列以及 40bp *PEP4* 基

* 由于大片段插入、缺失或重排而导致基因表达产物完全失去功能——译者

因 5′或 3′端序列（图 7.1）。kanMX 模块和酵母序列间有限的同源区消除了基因转变中不必要的背景。这一情况可能发生于使用同型基因时在染色体组中可选择标记与其突变等位基因间进行基因转变。

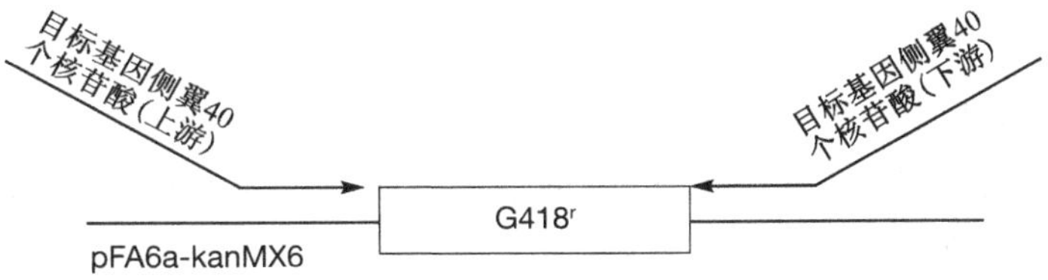

图 7.1　一步基因置换法

基因破坏法通常用来获得一个目标基因的无效等位基因。在本实验中，将破坏一种蛋白酶基因构建出一种在生化实验中十分有用的菌株。用生化方法制备酵母细胞抽提物的障碍之一就是酵母细胞液泡中丰富的蛋白酶，当细胞破裂时这些酶就会释放出来。一种完全缺乏蛋白酶的菌株需要破坏每个编码液泡蛋白酶的不同基因。幸运的是，有一种方法仅用一步即可消除大部分蛋白酶。液泡蛋白酶首先以无活性的酶原形式合成，然后在液泡中经蛋白水解作用去除前肽变为活性肽。主要的蛋白水解酶——蛋白酶 A 由基因 *PEP4* 编码，破坏 *PEP4* 就可以阻止其他蛋白酶变为活性肽，这种方法的复杂性在于蛋白水解酶 B 也能分解前肽从而激活液泡蛋白酶。在缺乏蛋白水解酶 A 的情况下，有活性的蛋白水解酶 B 仍能在几个细胞生长周期内继续激活液泡蛋白酶，但蛋白水解酶 B 的自我激活能力并不是无限的。一旦蛋白水解酶 B 的活性降低到某一临界值以下，细胞就会不可逆地转变为无蛋白酶细胞。当破坏 *PEP4* 之后，再将破坏了 *PEP4* 的菌株连续几代划线分离单菌落以稀释蛋白水解酶 B，从而最终获得无蛋白酶活性菌株。

已经被破坏 *PEP4* 基因的转化菌落可以用一种不同的 PCR 方法来筛选，这种方法可以直接用来筛选菌落，而不需要从酵母中提纯 DNA。用平板分析、鉴定羧肽酶 Y 的活性，就可以将具有 *pep4* 基因型的转化子筛选出来。羧肽酶 Y 是一种需要蛋白水解酶 A 和蛋白水解酶 B 活化的液泡酶。

菌株

7-1　BY4741　*MAT***a** *his3Δ1 leu2Δ0 ura3Δ0 met15Δ0*

质粒

pFA6a-kanMX6 是携带有 kanMX6 模块的质粒，该模块在 PCR 介导的基因破坏法中被用作模板。

程序

第 1 天

将菌株 7-1 在 YPD 平板上划线，置 30℃培养。

第 3 天

挑取一个丰满的菌株 7-1 的菌落，接种到 5mlYPD 培养液，置 30℃培养过夜。

第 4 天

用血球计数板测定 5ml 菌株 7-1 培养物的细胞密度（附录 G，使用标准血球计数板进行酵母细胞计数）。在装有 50ml YPD 的锥形烧瓶中将细胞稀释至 5×10^6 个细胞/ml，置 30℃培养细胞到两次分裂（约 4h）。

按照“技术和方案 1，酵母的高效转化”收获细胞，用约 1μg *pep4* ∷ *kanMX* 的 PCR 扩增 DNA 进行转化，所提供的 DNA 母液是按照“技术和方案 14，PCR 介导基因破坏法”制备的，使用 pFA6a-kanMX6 作模板。制备的两个引物为

5′PEP4DEL

TGGTCAGCGCCAACCAAGTTGCTGCAAAAGTCCACAAGGC**CGGATCCCCGGGTTAATTAA**

3′PEP4DEL

AATCGTAAATAGAATAGTATTTACGCAAGAAGGCATCACC**GAATTGAGCTCGTTTAAAC**

必须做一个不加 DNA 的转化作为阴性对照，将每种转化液涂到 YPD 平板，置 30℃培养 1 天。

第 5 天

把每一块平板影印复制到含有 200μg/ml G418 的 YPD 平板（YPD+G418）上。

第 7 天

挑 11 个转化子，在 YPD+G418 平板上划单菌落，仅使用 3 个平板，每个平板可划出 3 或 4 个转化子，置 30℃培养 2 天。

第 9 天

1）从 11 个在 YPD+G418 平板上划线（自第 7 天）的转化子中分别挑一个菌落，使用“技术和方案 15，酵母菌落 PCR”检测 *PEP4* 基因是否已经破坏。须用菌株 7-1 作对照。保留平板。使用以下四个引物扩增 DNA：

5′PEP4	GGGAACAGAGTAAAGAAGTTTGGG
5′TEF	GTTCTCACATCACATCCGAAC
3′TEF	GGGCTAAATGTACGGGCGAC
3′PEP4	AGGATAGGGCGGAGAAGTAAGAAAAG

2）在进行 PCR 扩增的同时，准备 1.0%琼脂糖凝胶。

电泳检测每个菌落的 PCR 产物。加 3μl 琼脂糖凝胶上样缓冲液到每个 PCR 样品中，将反应物全部上样，包括 DNA 标准相对分子质量标记。野生型 *PEP4* 基因将产生一个约 1.5kb 的条带，而 *pep4* ∷ *kanMX6* 等位基因将产生两个 341bp 的条带（5′端连接点）和一个约 1.0kb 的片段（3′端连接点）。

3）将 3 个 *pep4* ∷ *kanMX6* 转化子在 YPD+G418 平板上划线，将菌株 7-1 在 YPD 平

板上划线。每个平板划两个菌株，置 30℃培养 3 天。

第 11 天

从第 7 天和第 9 天的平板上挑取菌落，与菌株 7-1 一同分别点接于 YPD 平板上，培养过夜。

第 12 天

按照“技术和方案 9，羧肽酶 Y 的平板鉴定”，用 APE 蛋白酶平板检测法检测 YPD 平板上的菌落。注意辨别菌落之间的颜色差异。

材料

第 1 天

1 个 YPD 平板

第 3 天

1 支含有 5mlYPD 的培养管

第 4 天

“技术和方案 1，酵母的高效转化”中所需的材料
含 50ml YPD 培养基的锥形烧瓶
2 个 SC-ura 平板

第 7 天

3 个 YPD+G418 平板

第 9 天

“技术和方案 15，酵母菌落 PCR”中所需的材料
每种 DNA 引物约 120pmol：

5′PEP4	GGGAACAGAGTAAAGAAGTTTGGG
5′TEF	GTTCTCACATCACATCCGAAC
3′TEF	GGGCTAAATGTACGGGCGAC
3′PEP4	AGGATAGGGCGGAGAAGTAAGAAAAG

用于 1%琼脂糖凝胶电泳所需材料和设备
2 个 YPD+G418 平板

第 11 天

1 个 YPD 平板

第 12 天

“技术和方案 9，羧肽酶 Y 的平板鉴定”中所需的材料

实验七 B 两步基因置换法

常用的第二种基因置换方法是两步法（Scherer and Davis 1979）。这种方法首先要整合一个含有突变等位基因的质粒，当在目标位点发生整合作用时，将导致这一基因区段的重复——一个为野生型，另一个为突变型。两者之间含有一段质粒序列，重复的两个拷贝之间的同源交换将导致质粒的切除以及重复区段中两个拷贝之一的丢失。根据交换的准确定位，留下的拷贝要么为突变型，要么为野生型（图 7.2）。这些拷贝可以通过表型和/或 PCR 分析加以区分。若质粒上的可选择标记为 URA3，则质粒最容易被切除；使用 5-氟-乳清酸（5-FOA）培养基可以挑选出丢失质粒的菌株。

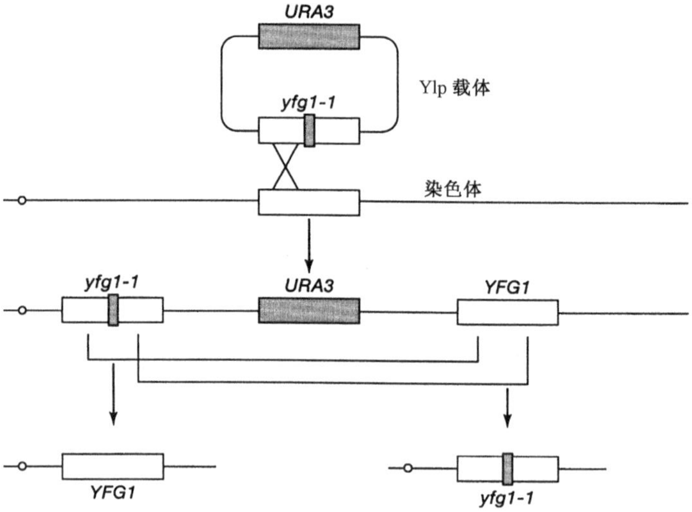

图 7.2 两步基因置换法

两步基因置换法在下列两种情况下使用：

1）如果目标突变没有可选择的表型，则不能使用一步法直接进行筛选。一种特殊基因的温度敏感等位基因置换就属这种情况。使用两步法，能够筛选出含有突变等位基因的凸环质粒的重组子。

2）使用两步法，从相同的起始转化子菌株中能产生野生型和突变型菌株。这样就能提供除目标基因之外的其他基因纯合的菌株。两步基因置换法在实验九中将用于 *MAT2* 基因座接合型等位基因的转换。

通过单交换使质粒整合到染色体导致 *YFG1* 基因座重复，一个拷贝含有野生型 *YFG1* 基因，另一个拷贝含有 *yfg1-1* 突变。使用 5-FOA 培养基可筛选切除质粒的菌株。根据交换体的定位，留下的切除子（excision）要么是 *YFG1*，要么是 *yfg1-1*。

实验七 C 质粒改组

除了通过基因置换分析表型外，当目标基因位于自主质粒上时还可以用来筛选突变表型，尤其可以用来鉴定必需基因如“你喜爱的基因”（*YFG*）的条件致死等位基因。使用质粒改组技术（Sikorski and Boeke 1991），可以对一个含有 *YFG* 基因的质粒进行诱变，再将经过诱变的质粒转入酵母，然后在含有一个 *yfg* 基因缺失突变的菌株中筛选条件突变表型。具体方法是转化一种菌株，该菌株已经含有①以双向筛选基因（如 *URA3* 基因）作为可选择标记（双向筛选基因具有正向和反向筛选功能，既可筛选含有该质粒的细胞，也可筛选不含该质粒的细胞）的自主质粒，其质粒上具有目标基因的野生型基因和②基因组中 *yfg* 基因的无效等位基因。

这样一种菌株，其生存力取决于质粒上编码的 *YFG* 蛋白。对带有不同选择标记的另一质粒（通常在体外）进行诱变，再转入该菌株中。通过平板影印，筛除掉含有 *YFG* 基因的质粒，确定潜在的突变体。对于含有 *URA3* 基因的质粒，可以利用 5-FOA 平板在不同条件下（如温度、培养基）进行筛选。只有那些在 *URA3* 质粒上缺失了野生型基因的细胞才能在 5-FOA 平板上生长，而由突变质粒引起的表型才能表达。

在本实验中，我们想要寻找编码着丝粒组分之一的 *NDC10* 必需基因（*NDC10*＝*YFG*）的温度和苯敏感等位基因。有两个诱变质粒库可用，其中，一个经羟胺诱变（技术和方案 7，质粒 DNA 的羟胺突变），另一个经大肠杆菌 XL-1 红色菌株（stratagene）诱变而得。XL-1 红色菌株是一个 *mutS*、*mutD* 和 *mutT* 三突变体。这三个突变几乎完全消除了 DNA 修复功能：*mutS* 缺乏错误倾向的错配修复功能、*mutD* 缺乏 DNA 聚合酶Ⅲ的 3′→5′外切酶活性，*mutT* 缺乏 8-氧 GTP 水解能力。将质粒转入 XL-1 红色菌株细胞中，培养过夜以积累突变。质粒经重新抽提并扩增最终构建为一诱变质粒库。诱变质粒 pDB141 是一个 YCp *LEU2 NDC10* 质粒。7-2 菌株含有一个 *ndc10* ∷ *TRP1* 等位基因，因其具有 pRG68 质粒（一个 YCp *uRA3 NDC10* 质粒，该质粒可以按上文所述利用 5-FOA 作反向筛选）而可生存。

菌株

7-2 2404 *MATα ade2 trp1 leu2 ura3 his3 lys2-801 ndc10* ∷ *TRP1* [pRG68]

质粒

pDB141 一个含有 *NDC10* 的 YCp *LEU2* 质粒

pRG68 一个含有 *NDC10* 的 YCp *URA3* 质粒

程序

第 1 天

将菌株 7-2 在 YPD 平板上划线，30℃培养。

第 3 天

挑一个丰满的菌株 7-2 菌落，接种到 5ml YPD 培养液，30℃下培养过夜。

第 4 天

使用血球计数板（附录 G，用标准血球计数板进行酵母细胞计数）测定 5ml 菌株 7-2 培养物的细胞密度。用 50ml YPD 培养液将细胞稀释至 5×10^6 个/ml，置 30℃培养细胞到两次分裂（约 4h）。按照“技术和方案 1，酵母的高效转化”收获细胞，用 100ng 诱变的 pDB141 质粒进行转化（提供的母液用技术和方案 7，质粒 DNA 的羟胺突变或经 XL-1 红色菌株细胞诱变制得）。必须包括一个不加 DNA 的阴性对照。这里将对“技术和方案 1，酵母的高效转化”有一个小的改进。改进步骤 16：用已灭菌的蒸馏水 2.5ml 重悬转化细胞（浓缩的细胞）。吸出 0.4ml 浓缩的细胞稀释到 2.0ml（稀释的细胞）。取 0.2ml 涂 HC-leu 平板，用浓缩的细胞悬液涂 10 个板，用稀释的细胞涂另外 10 个板。把 0.2ml 不加 DNA 的阴性对照的浓缩细胞涂在一个平板上。所有 21 个平板在 23℃下培养。

第 9 天

选择 10 个转化平板，理想情况下，每个平板有 100～300 个菌落，计算菌落总数。把 10 个 HC-leu 转化平板分别影印到 5-FOA 平板上。保留主要的平板（HC-leu），23℃下培养。

第 11 天

测定在 FOA 抑制下无法生长的菌落片段。把 FOA 平板分别影印到两块 YPD 平板和一块含有 15μg/ml 苯的 YPD 平板。一块 YPD 平板于 37℃下培养，另一块 YPD 平板和 YPD+苯平板于 23℃下培养。

第 12 天

统计 37℃下影印平板的温度敏感型候选菌落。从 23℃下培养的 YPD 平板上挑 12 个温度敏感型候选菌落，划线到 YPD 平板于 23℃下培养纯化（最多使用 3 块 YPD 平板）。

第 13 天

统计 23℃下培养的含苯平板的苯敏感和无法生长或生长不好的菌落。挑 12 个候选菌落，划线到 YPD 平板于 23℃下培养纯化（最多使用 3 块 YPD 平板）。注意任何既是苯敏感也是温度敏感的菌落。

第 16 天

在 YPD＋苯平板和两块 YPD 平板上分别再次测定纯化的候选菌落的苯敏感性和温度敏感性。一块 YPD 平板于 23℃下培养，另一块于 37℃下培养。

第 17 天

统计 37℃下培养平板上的温度敏感型菌落。统计 23℃下培养的含苯平板上的菌落，将平板保存至第 2 天。

第 18 天

统计含苯平板上的菌落，测定每种突变体的频率。

材料

第 1 天

1 个 YPD 平板

第 3 天

1 支含有 5ml YPD 的培养管

第 4 天

“技术和方案 1，酵母的高效转化”中所需的材料
诱变的 pDB141 DNA
含 50ml YPD 培养基的锥形烧瓶
21 个 HC-leu 平板

第 9 天

10 个 5-FOA 平板
无菌绒垫

第 11 天

20 个 YPD 平板
10 个含 15μg/ml 苯的 YPD 平板
无菌绒垫

第 12 天

3 个 YPD 平板

第 13 天

3 个 YPD 平板

第 16 天

3 个 YPD＋苯的平板
6 个 YPD 平板
无菌绒垫

实验七 D 构建融合蛋白

抗原表位标签技术是一种在酵母中被用来分析蛋白质的强大技术。使用通常具有商业化抗体的肽序列可进行蛋白融合。许多不同的抗原表位可使用：具有强抗原性的小肽序列如来自流感病毒红细胞凝聚素的 HA 肽链、来自 c-Myc 蛋白的肽链（MYC）和 FLAG 抗原表位。用小的蛋白质融合也可以作为抗原表位标签，甚至有更大的效用。例如，GFP（绿色荧光蛋白）被用于体内定位融合蛋白而 GST（谷胱甘肽 S 转移酶）被用作亲和-纯化融合蛋白。

许多不同的方法可用于蛋白融合。小肽链如 HA 或 MYC 可被连接到蛋白任意一端或插入编码序列框内。小蛋白融合如 GFP 或 GST 通常位于蛋白任意一端。值得着重指出的是，在一切可能的情况下，融合到目的基因的蛋白应该功能正常。这一点可以通过弥补所有与目的基因缺失相关的突变表型最好地实现。

GFP 融合

我们将举例说明使用两种不同方法进行蛋白质融合。第一种方法是使用 PCR 介导的一步基因置换法（Longtine et al. 1998）。我们构建了一个编码着丝粒蛋白的必需基因的羧基末端 GFP 融合蛋白。在细胞周期的大部分时间内着丝粒定位于纺锤体两极附近。基本原理与在实验七 A 中使用的 PCR 策略一致，除了选择标记为来源于裂殖酵母的 *HIS3* 同源区。裂殖酵母的 *his5*$^+$基因将弥补酿酒酵母的 *his3* 突变，该基因被用于减少转化后因基因变化而增加 His$^+$菌落背景的可能性。本实验的引物设计在图 7.3 中显示。终止密码子 5′端 40 个碱基对（图 7.3 中上方的箭头）被用作 NDCTAG1 引物的 5′端。而且，来自质粒 pFA6a-GFP（S65T）-*HIS3*MX6 的 *GFP* 基因 5′端的后序序列被添加至引物 NDCTAG1 的 3′端：CGGATCCCCGGGTTAATTAA。终止密码子 3′端 40 个碱基对被用作引物 NDCTAG2 的 5′端序列。而且，来自质粒 pFA6a-GFP（S65T）-*HIS3*MX6 的裂殖酵母 *his5*$^+$基因 3′端的后序序列被添加至引物 NDCTAG2 的 3′端：GAATTCGAGCTCGTTTAAC。每个引物的 3′端序列被用于引导质粒 pFA6a-GFP（S65T）-*HIS3*MX6 上的 PCR 扩增。实验设计见图 7.4 中的图解。两个引物的 5′端指导了整合，使 Ndc10 蛋白羧基端发生精确的 GFP 融合。

为了确定整合发生，我们使用来自 *NDC10* 基因 3′端的 PCR 引物和来自 *TEF1* 启动子的引物（图 7.4 中的引物 1 和 2）。我们也使用来自 *TEF1* 启动子的引物和来自 *NDC10* 基因 3′端侧翼序列的引物（图 7.4 中的引物 3 和 4）。这些 PCR 可一起操作。高频率的整合可产生长度分别为 1.2kb 和 1.4kb 的两种 PCR 产物。当不发生整合时，*NDC10* 基因保持完整，PCR 产生一个长为 400bp 的单一产物。

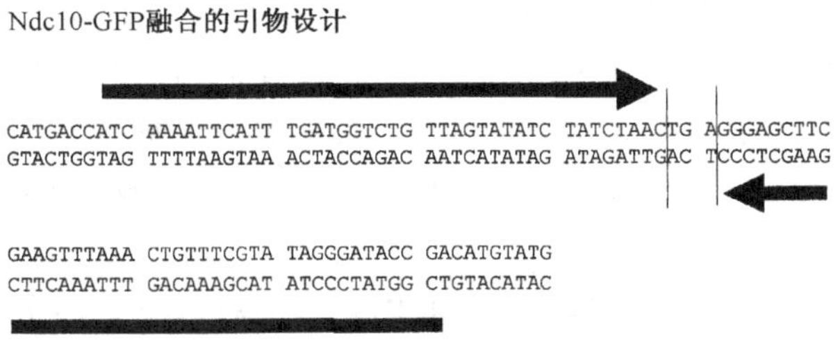

图 7.3　Ndc10p 羧基端融合引物

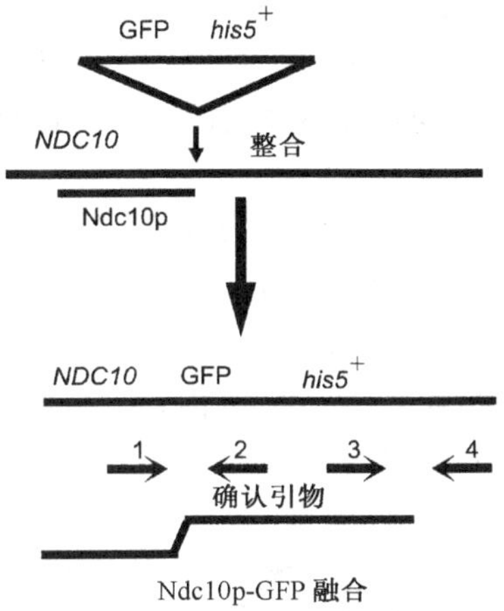

图 7.4　Ndc10p-GFP 融合

降解决定子融合

第二种方法是用 YIp 质粒做整合转化，将一个氨基端降解决定子融合到一个不同的着丝粒蛋白 Cep3p 上。降解决定子标签被用来在必需基因中构建温度敏感型突变 (Dohmen et al. 1994)。降解决定子是一个复杂的氨基端融合子，它标记相关蛋白，通过 26S 蛋白酶体使其水解。融合操作设计见图 7.5。

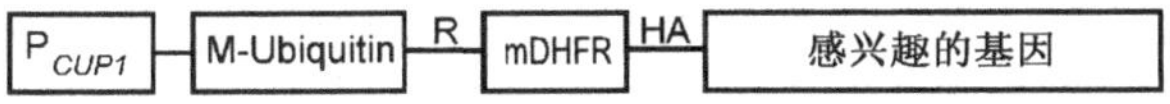

图 7.5　降解决定子标记的基因

CUP1 启动子调控融合基因，因此，基因表达依赖于培养基中铜的存在。降解决定子在氨基端起始处有一个单泛素蛋白，这为蛋白质翻译（M）提供了起始密码子。泛素在翻译后被快速切除，这种切除作用在泛素肽链形成后即发生，以便使融合蛋白氨基端

的精氨酸残基暴露出来。精氨酸残基依 N 端规则而言是一个不稳定残基，当内部赖氨酸残基暴露时将标记蛋白质残基使之降解。来自小鼠的二氢叶酸还原酶突变体（mDHFR^{ts}）在 37℃下不发生折叠而暴露出赖氨酸残基，整个融合蛋白被标记，在 26S 蛋白酶体中被水解。26S 蛋白酶体非常高效，因此蛋白质完全缺失将导致突变表型。由于融合蛋白包含一个内部 HA 抗原表位标签，所以这很容易被确定。通过 Western blot 可以检测蛋白质最终去向。结果是融合将产生一个能在低温（23～25℃）下生长良好而在 37℃下无法存活的温度敏感突变体。一些含降解决定子标签的突变体是一定的"渗漏型突变"，在限制条件下生长缓慢。这一点通常可以通过增强额外的 Ubr1p（一种泛素连接酶）的表达来克服。

比起经体外诱变构建的温度敏感等位基因，含降解决定子标签的温度敏感等位基因似乎更为优越。降解决定子标签可产生功能缺失或无效等位基因。体外诱变主要产生错义突变，通常，甚至是在限制温度下都还残留有蛋白质活性。残留的活性有时会混淆表型。降解决定子结构还有另两种用途。HA 抗原表位可以被用作定位研究，以及与在许可温度下生长的菌株一起用于生化试验。而且，由于 DHFR 对氨甲蝶呤的高亲和性，利用氨甲蝶呤琼脂糖珠子可以很容易地将融合蛋白从许可温度下生长的菌株细胞中纯化出来。

我们将降解决定子融合到一个不同的着丝粒蛋白——Cep3p 上。利用可产生降解决定子的 YIp 质粒进行整合，详见图 7.6。为了确认整合，我们在降解决定子 3′端的 HA 序列附近使用 PCR 引物（引物 A），并结合来自于 *CEP3* 基因 5′端内的引物（引物 B）。后一序列并非包含于 YIp 质粒的 *CEP3* 片段内，但在染色体拷贝中却是独一无二的。这样可确保降解决定子融合到 *CEP3*。

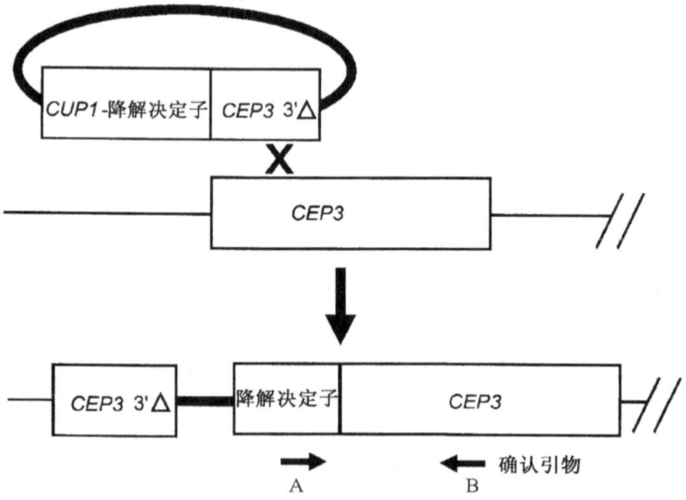

图 7.6　含降解决定子标签的 *CEP3*

菌株

7-3　BY4741　*MAT***a** *his3Δ1 leu2Δ0 ura3Δ0 met15Δ0*

质粒

pDB118 是一个整合质粒（YIp），含有 *URA3* 和融合到 *CEP3* 基因 5′端的鼠源 DHFR，受 *CUP1* 启动子驱动。

引物

NDC10-GFP

NDCTAG1
TCAAAATTCATTTGATGGTCTGTTAGTATATCTATCTAAC**AGTAAAGGAGAAGAACTTTT**

NDCTAG2
CGGTATCCCTATACGAAACAGTTTAAACTTCGAAGCTCCC**GAGCGCCCAATACGCAAACC**

NDC10-GFP 确认引物

Ndc10 确认 1
GGTAACAAGTCGTGGAGAGC

5′TEF
GTTCTCACATCACATCCGAAC

3′TEF
GGGCTAAATGTACGGGCGAC

Ndc10 确认 2
CAGGTCTACCAACTCAGTCTTC

降解决定子标签

引物 A
ACCTACCCATACGATGTTCCAG

引物 B
GACAGACCATATTAGTGCGTCCCAG

程序

第 1 天

将菌株 7-3 在 YPD 平板上划单克隆，30℃下培养两天。

第 3 天

挑取单克隆，在 5ml YPD 液体培养基中培养，30℃过夜。

第 4 天

使用血球计数板测定细胞密度（附录 G）。将细胞稀释至 5×10^6 个/ml，按照“技术和方案 1，酵母的高效转化”进行高效转化。两个 DNA 样品将被用作转化。

GFP 标记的 PCR 产物：100μl，含约 8μgPCR 产物。PCR 反应利用“技术和方案 14，PCR 介导基因破坏法”，使用质粒 pFA6a-GFP（S65T）作模板、引物 NDCTAG1 和 NDCTAG2 进行。所得 DNA 将在 4 个单独的转化实验中使用。

降解决定子标签的 *Bgl* Ⅱ 酶切的 pDB118：约 1μg 的 pDB118 质粒经 *Bgl* Ⅱ 酶切。这些 DNA 在一次转化中使用。确定在转化中含有一个阴性对照（不含 DNA）。

将 GFP 标签的转化菌涂于 SC-his 平板上。将降解决定子标签的转化菌涂于含有 100μmol/L $CuSO_4$ 的 HC-ura 平板上。23℃培养 5 天。

GFP 转化

第 7 天

在单独的 SC-his 平板上将转化子（10 个）重新克隆。

第 10 天

从每个转化子中挑取一个菌落，按“技术和方案 15，酵母菌落 PCR”作 GFP 融合鉴定。在反应中用四个不同的引物——引物 1～4。确定包括有来自菌株 7-3 细胞的作为对照。

电泳分离 DNA，鉴定 GFP 融合。在 YPD 液体培养基中过夜培养 5ml 细胞。

第 11 天

取 0.2ml 新鲜的过夜培养液于 5ml YPD 培养基中。30℃培养细胞 4h，获得重新进入细胞周期的细胞。按“技术和方案 12，酵母免疫荧光法”用甲醛固定细胞，但是将固定时间减少至 15min。细胞染色，用 DAPI 标记 DNA，用 CY3 共轭二抗以抗微管蛋白染色法显示微管。

降解决定子转化

第 9 天

将转化子平板影印到 HC-ura 和含 100μmol/L $CuSO_4$ 的 HC-ura 平板上。HC-ura 平板于 37℃下培养，而含 100μmol/L $CuSO_4$ 的 HC-ura 平板于 23℃下培养。

第 10 天

统计 37℃下培养的平板，鉴定 5 个温度敏感型菌落。在 1 个含 100μmol/L $CuSO_4$ 的 HC-ura 平板上复制 4 个候选菌落，于 23℃下培养。

第 14 天

从每个转化子中挑取一个菌落，按"技术和方案 15，酵母菌落 PCR"作降解决定子融合鉴定。在反应中使用引物 A 和 B。确定包括有来自菌株 7-3 的细胞作为对照。电泳分离 DNA，鉴定一个含有降解决定子融合的菌落。在含 100μmol/L $CuSO_4$ 的 HC-ura 培养基中过夜培养 5ml 细胞。

第 15 天

取 0.2ml 新鲜的过夜培养液于 5ml 含 100μmol/L $CuSO_4$ 的 HC-ura 培养基中。23℃培养细胞 6h，获得重新进入细胞周期的细胞。取出 2.5ml 细胞，离心后用无菌水清洗 2 次。清洗后的细胞于 HC-ura 培养基中在 37℃培养 4h。将剩余细胞培养物放入 23℃，培养 4h。按"技术和方案 12，酵母免疫荧光法"用甲醛固定上述两种方法处理的培养物细胞，但是将固定时间减少至 15min。用 0.1mol/L 磷酸钾缓冲液（pH 7.5）清洗细胞两次。用 1ml 0.1mol/L 磷酸钾缓冲液（pH 7.5）重悬细胞于微离心管中，放置在冰箱中过夜。

第 16 天

按"技术和方案 12，酵母免疫荧光法"，从程序 4 开始，对细胞染色，用 DAPI 标记 DNA，用 CY3 共轭二抗以抗微管蛋白染色法显示微管。

材料

第 1 天

1 个 YPD 平板

第 3 天

5ml YPD 液体培养基

第 4 天

血球计数板

降解决定子标记的 PCR 产物（100μl）

Bgl Ⅱ 酶切的 pDB118 DNA（25μl）

5 个 SC-his 平板

2 个含有 100μmol/L $CuSO_4$ 的 HC-ura 平板

第 7 天

10 个 SC-his 平板

第 9 天

5ml YPD 液体培养基

1 个 HC-ura 平板

1 个含有 100μmol/L $CuSO_4$ 的 HC-ura 平板

无菌绒垫

第 10 天

1 个含有 100μmol/L $CuSO_4$ 的 HC-ura 平板

5ml YPD 液体培养基

“技术和方案 15，酵母菌落 PCR”中所需的材料

第 11 天

dH_2O

5ml YPD 液体培养基

“技术和方案 12，酵母免疫荧光法”中所需的材料

第 14 天

5ml 含有 100μmol/L $CuSO_4$ 的 HC-ura 液体培养基

“技术和方案 15，酵母菌落 PCR”中所需的材料

第 15 天

5ml 含有 100μmol/L $CuSO_4$ 的 HC-ura 液体培养基

5ml HC-ura 液体培养基

37%甲醛

0.1mol/L 磷酸盐缓冲液（pH7.0）

第 16 天

“技术和方案 12，酵母免疫荧光法”中所需的材料

CY3 共轭二抗

参考文献

Amberg D.C., Botstein D., and Beasley E.M. 1995. Precise gene disruption in *Saccharomyces cerevisiae* by double fusion polymerase chain reaction. *Yeast* **11:** 1275–1280.

Dohmen R.J., Wu P., and Varshavsky A.1994. Heat-inducible degron: A method for constructing temperature-sensitive mutants. *Science* **263:** 1273–1276.

Lafontaine D. and Tollervey D. 1996. One-step PCR mediated strategy for the construction of conditionally expressed and epitope tagged yeast proteins. *Nucleic Acids Res.* **24:** 3469–3471.

Longtine M.S., McKenzie A., Demarini D.J, Shah N.G., Wach A., Brachat A., Philippsen P., and Pringle J.R. 1998. Additional modules for versatile and economical PCR-based gene deletion and modification in *Saccharomyces cerevisiae. Yeast* **14:** 953–961.

Rothstein R.J. 1983. One-step gene disruption in yeast. *Methods Enzymol.* **101:** 202–211.

Scherer S. and Davis R.W. 1979. Replacement of chromosome segments with altered DNA sequences constructed in vitro. *Proc. Natl. Acad. Sci.* **76:** 4951–4955.

Sikorski R.S. and Boeke J.D. 1991. *In vitro* mutagenesis and plasmid shuffling: From cloned gene to mutant yeast. *Methods Enzymol.* **194:** 302–328.

Wach A. 1996. PCR-synthesis of marker cassettes with long flanking homology regions for gene disruptions in *S. cerevisiae. Yeast* **12:** 259–265.

实验八 *ras2* 抑制基因的分离

抑制分析是基因共有功能或通路研究中的一种强有力的遗传学方法。当一种表型典型的原始突变体已经被准确描述后，抑制分析被用来做进一步的研究。抑制搜寻被设计为可鉴别额外的突变发生，这类突变可使野生表型变成原始突变型。抑制突变可以鉴定与原始突变基因功能相关的新基因，也会暗示参与共有通路的蛋白间的相互作用。当两种起相反作用的基因［例如，一种蛋白激酶和蛋白磷酸（酯）酶］间的平衡被扰乱时，突变表型可能会出现。编码反作用蛋白的基因中的补偿性突变可以使这种表型得以恢复。这样的情况发生在第一个突变是无效等位基因时，在这种条件下第二个补偿性突变将避开对第一个基因功能的需要。这样的抑制物被称为“回避抑制物”。

同样地，高拷贝抑制也可用来研究具有共有功能或处于共有通路中的基因。在这种情况下，通过抑制基因的野生型拷贝的过表达可实现抑制作用。通过聚集作用稳定产生的蛋白复合物或消除对另一基因（无效等位基因）的需求，高拷贝抑制可使功能恢复。后者被称为“回避抑制”，对信号通路（异位显性）中的调整基因特别有用。高拷贝抑制法因操作容易、快速以及其过程本身就可实现对抑制基因的克隆而得以普及。

抑制基因 *RAS1* 和 *RAS2* 与 G 蛋白非常相似，都能激活酵母体内的腺苷酸环化酶。cAMP 对细胞生长和进入有丝分裂周期是必需的。大部分由于对细胞生长调节的遗传学分析，对 cAMP 信号转导途径的成分和它们的生化作用已有了很好的了解（Broach 1991）。本实验将按照 Cannon 等（1986）的方法分离在典型抑制搜寻中寻找 *ras2* 无效等位基因的抑制基因。而且，我们还利用以 2μ 质粒为基础的染色体组文库分离 *ras2* 无效等位基因的高拷贝抑制基因。

在大多数情况下，*ras1* 或 *ras2* 单突变株是容易存活的，一个有功能的 RAS 蛋白可充分激发腺苷酸环化酶。然而，*ras2* 突变株在非发酵碳源（如乙酸或甘油）上生长是有缺陷的。原因是 *RAS1* 的表达在这样的生长培养基里受到抑制。因此，一个 *ras2* 无效突变引起一个条件表型。利用这个表型，我们可以确证 *ras2* 抑制基因。

本实验中我们有两个目标：首先是分离 *ras2* 缺失突变的典型抑制基因，我们将要测定究竟抑制基因是显性的还是隐性的以及在隐性抑制基因中有代表性的互补组的数量；其次，我们将分离高拷贝抑制基因和这些菌株中的质粒，确定引起抑制的质粒，经测序确定高拷贝质粒携带的基因。

菌株

8-1 FY86 *MATα ura3-52 leu2Δ1 his3Δ200*

8-2 DAY229 *MAT***a** *ura3-52 leu2Δ1 trp1Δ63 ras2Δ0* ∷ kan^r

8-3 DAY230 *MATα ura3-52 leu2Δ1 his3Δ200 ras2Δ0* ∷ kan^r

程序

第 1 天

典型抑制基因搜寻

指导老师已经在一对 YPD 平板上划出了 *ras2* 突变株（菌株 8-2 供 1、2、3、4 组使用；菌株 8-3 供 5、6、7、8 组使用）。

用 YPD 平板，接 30～40 个单菌落作为原始平板，每个菌落约占 $1cm^2$，30℃下培养。完成原始平板划线后，用一块划线平板与使用具有对应匹配的突变搜寻菌株的实验组交换一块平板，将这块平板冷藏备用。

高拷贝抑制基因搜寻：

ras2 突变株于 5mlYPD 液体培养基中 30℃过夜培养。

第 2 天

典型抑制基因搜寻

将 YPD 原始平板先后影印到一块 YPD 平板和两块 YPAc 平板上，轻轻地影印使背景生长减少到最小限度。给指导老师一块影印平板供紫外线处理（使用 Stratalinker，7500μJ）。两平板在 30℃培养。

高拷贝抑制基因搜寻

上午，将 500μl 静止的 *ras2* 突变株液体培养液稀释到装有 50ml YPD 的锥形瓶中，培养 6～7h 直到细胞密度约为 2×10^7 个/ml。完成 9 个转化，每个转化使用 1μg YEp *URA3* 文库 DNA；另一个对照转化使用 1μg Yep24 DNA。将转化后的菌液涂在 10 块 Cas-ura＋乙酸盐平板上，在 30℃培养。

第 6 天

典型抑制基因搜寻

可见小菌落长出，统计诱变平板和未诱变平板上的小菌落数量。从经紫外线处理或未经处理的平板中挑取单个菌落并转接到一个新鲜 YPD 原平板，挑取 15～30 个小菌落。小心挑取以免周围细胞的污染（正规的方法将通过单菌落划线纯化小菌落，为了节约时间省略这些步骤）。每批编号，并记录小菌落来自哪个平板（紫外线处理或未处理的），包括不同批的亲本菌株和在原平板的 *RAS2* 对照菌株 8-6，在 30℃下培养。

将从邻组得到的 *ras2* 菌株（菌株 8-2 供 1、2、3、4 组使用；菌株 8-3 供 5、6、7、8 组使用）于 5ml YPD 培养基中培养。

第 7 天

典型抑制基因搜寻

从 5ml 过夜培养物中取 200μl 细胞均匀地涂在一块 SC-his-trp 平板上；将该平板置于水平表面，使其表面干燥。

将 YPD 原平板分别影印到 2 块 YPAc 平板、2 块 YPD 平板和事先准备好的、长有

ras2 菌苔的 SC-his-trp 平板上（确定这一步最后做）。一块 YPAc 平板和 YPD 平板于 30℃下培养，其余于 37℃下培养，杂交平板于 30℃下培养。

第 8 天

典型抑制基因搜寻

记录 30℃和 37℃的菌落生长情况，保存 30℃ YPD 平板备第 12 天使用。选择欲作详细分析的 12 个回复突变型（revertant），把这 12 个回复突变型与培养在 SC-his-trp 平板上的 *ras2* 菌株交叉划线，同时也把 *ras2* 亲本与 *ras2* 菌株交叉划线，每个平板可以划 4～6 个交叉。这些平板置于 30℃下培养。

高拷贝抑制基因搜寻

此时转化平板上已有菌落长出。挑取 8 个菌落，接种到 2ml Cas-ura 液体过夜培养物中，小心挑取以免挑到转化平板上周围的细胞。同时，使用 1/4 的 YPD 平板将每个菌落作单菌落划线，于 30℃下培养这些平板。注意，正规的方法应在这步之前使用一块新鲜平板纯化菌落，为了节约时间省略这些步骤。

第 9 天

高拷贝抑制基因搜寻

按“技术和方案 3C，10min 制备酵母 DNA”，使用 2ml 过夜培养物，从携带有高拷贝抑制基因的菌株中分离 DNA。取 5μl 转化适当的大肠杆菌，在 LB＋Amp 平板上涂板。

第 10 天

典型抑制基因搜寻

为了测定抑制基因是显性还是隐性，从每块 SC-his-trp 划线平板上挑取 2 个单菌落（双倍体），分别涂于 YPAc 和 YPD 平板，同时还应包括 *ras2* 亲本与 *ras2* 菌株交叉划线平板上的一个菌落。平板于 30℃下培养。

高拷贝抑制基因搜寻

从大肠杆菌转化子中挑取每一个高拷贝基因的一个菌落，于 5ml LB＋Amp 培养基中，在 37℃下开始过夜培养。将抑制基因的 YPD 划线平板影印到 2 块 5-FOA 平板上，以选择丢失了高拷贝抑制基因质粒的细胞。这些可以被用来确定抑制作用是依赖于质粒的存在的。

第 11 天

高拷贝抑制基因搜寻

少量抽提高拷贝抑制基因的质粒 DNA，按“技术和方案 2，‘快速和简略的’酵母菌落质粒转化法”将质粒 DNA 转入 *ras2* 突变菌株中。将每个转化产物的一半涂于 Cas-ura 平板上，另一半涂于 Cas-ura＋乙酸盐平板上，于 30℃下培养。同时还应包括一个 1μg Yep24 DNA 的对照转化，将转化产物的一半涂于 Cas-ura 平板上，另一半涂于 Cas-ura＋乙酸盐平板上。

第 12 天

典型抑制基因搜寻

统计 YPD 和 YPAc 平板上的菌落生长情况，测定哪些抑制基因是显性的，哪些是隐性的。取出第 8 天保存的 YPD 平板，在平板上用 *ras2* 亲本菌株和 8～10 个隐形抑制基因菌株做平行划线，作为划线原始平板（附录 D，平板划线模板），于 30℃下培养。

高拷贝抑制基因搜寻

为了鉴定带有 *RAS2* 基因的抑制基因，以每一个高拷贝抑制基因少量抽提的 DNA 作为模板设计一下多聚酶链式反应（PCR）：

1μl 1∶10 稀释的少量抽提的 DNA

5μl 10×Taq 缓冲液

5μl 2mmol/L dNTP 混合物

5μl 5μmol/L DAo-RAS2-1 引物

5μl 5μmol/L DAo-RAS2-2 引物

1μl Taq

28μl H_2O

使用以下 PCR 参数：94℃，4min→94℃，1min，25 个循环→55℃，1min→72℃，1.5min→72℃，20min→4℃长时间保温。

每个 PCR 反应取 5μl 上样于 1%的琼脂糖凝胶，由指导老师提供的 *RAS2* 阳性反应作对照。如果抑制基因带有 *RAS2* 基因，则预期将看到约为 1.5kb 的 PCR 产物。那些不带有 *RAS2* 基因的质粒将被送去测序，使用 DAo-YEp24-1 和 DAo-YEp24-2 引物，可鉴定质粒中文库插入片段的末端序列。

将第 10 天的 5-FOA 平板影印到 2 块 YPAc 平板上，于 30℃下培养。

第 13 天

典型抑制基因搜寻

为了设计隐性抑制基因的互补组分析，将第 12 天的划线原始平板影印到 2 块 YPD 平板，标记好划线。用一块划线原始平板与使用对应杂交型菌株开始抑制基因搜寻的小组交换一块平板，于 30℃下培养。

第 14 天

典型抑制基因搜寻

为了进行互补组分析需做杂交实验，将两块划线平板中的一块平板以垂直正交的方式影印到另一块新鲜的 YPD 平板上，于 30℃下培养。

第 15 天

典型抑制基因搜寻

将第 14 天的交叉划线平板影印到一块 SC-his-trp 平板上，于 30℃下培养以为互补测验筛选双倍体。

第 16 天

典型抑制基因搜寻

从 SC-his-trp 平板上划线重合区挑取菌体，在 SC-his-trp 平板上做划线原始平板。

第 17 天

典型抑制基因搜寻

将第 16 天的划线平板（SC-his-trp）影印到 YPAc 和 YPD 平板，于 30℃下培养。

高拷贝抑制基因搜寻

统计第 12 天影印到 YPAc 平板上的丢失高拷贝抑制基因质粒的菌株。如果这些菌株在 YPAc 平板上生长出来，则抑制作用不是质粒依赖的，菌株中的质粒不是我们感兴趣的。

统计高拷贝抑制基因允许 *ras2* 突变株在乙酸盐培养基上生长的能力。注意，YEp24 对照菌株本应在 Cas-ura 培养基上生长，而在 Cas-ura＋乙酸盐培养基上不生长。如果事实上候选质粒是高拷贝抑制基因，那么它将使所有转化的细胞能在乙酸盐培养基上生长。此时，可能已经获得了抑制基因质粒中插入片段的末端序列了。使用酵母基因组数据库(http://www.pathway.yeastgenome.org/)确定基因组基因座和负责抑制作用的区域中的潜在基因。在你自己的实验室中，单个的开放可读框将被亚克隆到 2μ 质粒上，再次检测 *ras2* 基因的高拷贝抑制基因，以确定真正的抑制基因。

第 18 天

典型抑制基因搜寻

统计第 17 天的平板上双倍体菌落的生长情况。你期望无法互补的抑制基因将会产生什么样的表型？你的突变子中是否有和来自邻组的突变子属于同一互补组？你有多少互补组？

材料

第 1 天

2 块长有 *ras2* 菌株单克隆的 YPD 平板

1 块 YPD 平板

牙签

5ml YPD 培养基

第 2 天

1 块 YPD 平板

2 块 YPAc 平板

1 块无菌绒垫

50ml YPD 培养基

9μg Carlson 2μ 质粒文库 DNA
1μg YEp24 DNA
1.4ml 100mmol/L 乙酸锂
2.4ml 50% PEG3350
360μl 2mg/ml 单链 DNA（ssDNA）
2.5ml 无菌水
10 套 Cas-ura+乙酸盐平板

第 6 天

1 块 YPD 平板
牙签
5ml YPD 培养基

第 7 天

2 块 YPD 平板
2 块 YPAc 平板
1 块 SC-his-trp 平板
1 块无菌绒垫

第 8 天

3 块 SC-his-trp 平板
牙签
16ml Cas-ura 培养基
8 支无菌培养管
2 块 YPD 平板

第 9 天

8 根 1.5ml 微离心管
1.6ml 2% Triton X-100/1% SDS/100mmol/L NaCl/TE 缓冲液 [10mmol/L Tris (pH 8.0) /1mmol/L EDTA]
1.6ml 苯酚：氯仿=1：1
2.4g 酸清洗的玻璃珠
1.6ml 适当的大肠杆菌细胞
8 块 LB+Amp 平板

第 10 天

牙签
1 块 YPAc 平板
1 块 YPD 平板

1 块无菌微量滴定 96 孔板
5ml 无菌水
40ml TB+Amp 液体培养基
2 块 FOA 平板

第 11 天

24 支微离心管
800μl 50mmol/L 葡萄糖/10mmol/L EDTA/25mmol/L Tris（pH 8.0）
1.6ml 0.2mol/L NaOH/1% SDS
1.2ml 3mol/L 钾离子/5mol/L 乙酸根离子
4ml 苯
6ml 100%乙醇
400μl TE 缓冲液（pH 8.0）+10μg/ml RNase A
200μl 2mol/L 乙酸锂
800μl 50% PEG3350
7.7μl β-巯基乙醇
24μl 10mg/ml ssDNA
800μl 无菌水
9 块 Cas-ura+乙酸盐平板
9 块 Cas-ura 平板
1μg YEp24 质粒 DNA

第 12 天

1 块 YPD 平板
牙签
40μl 10×Taq 缓冲液
40μl 2mmol/L dNTP 混合物
40μl 5μmol/L DAo-RAS2-1 引物（5′-CCC CAA CAT CTT AAG TTT TAG CCG-3′）
40μl 5μmol/L DAo-RAS2-2 引物（5′-GCT TGT TAT TCC AGG TGG AAC ACC-3′）
8μl Taq
8 支 PCR 管
1%琼脂糖凝胶
5μl *RAS2* 对照 PCR 产物
10μl 1-kb ladder DNA 相对分子质量标记
YEp24 测序引物 1：DAo-YEp24-1（5′-CTT GGA GCC ACT ATC GAC TAC GCG-3′）
YEp24 测序引物 2：DAo-YEp24-2（5′-CAC CTG TGG CGC CGG TGA TGC CGG-3′）
2 块 YPAc 平板

第 13 天

2 块 YPD 平板
1 块无菌绒垫

第 14 天

1 块 YPD 平板
1 块无菌绒垫

第 15 天

1 块 SC-his-trp 平板
1 块无菌绒垫

第 16 天

1 块 SC-his-trp 平板
牙签

第 17 天

1 块 YPAc 平板
1 块 YPD 平板
1 块无菌绒垫

感谢 Rey Sia 设计典型抑制基因搜寻实验以及 Bob Deschenes 对设计高拷贝抑制基因搜寻实验的帮助。

参考文献

Broach J.R. 1991. *RAS* genes in *Saccharomyces cerevisiae:* Signal transduction in search of a pathway. *Trends Genet.* **7:** 28–33.

Cannon J.F., Gibbs J.B., and Tatchell K. 1986. Suppressors of the *ras2* mutation of *Saccharomyces cerevisiae. Genetics* **113:** 247–264.

实验九　细胞型操作

酿酒酵母能够进行有性生殖，单倍体细胞之间能相互交配产生二倍体细胞，然后二倍体细胞进行减数分裂再产生单倍体细胞。交配能力是由细胞的交配型决定的，相同交配型的细胞不能交配，而相反交配型的细胞可以交配。交配型是由 *MAT* 基因座等位基因的表达来决定。一种交配型的细胞具有 *MAT***a** 等位基因，称为 **a** 细胞；相反交配型细胞具有 *MAT*α 等位基因，称为 α 细胞。所以，**a** 细胞能与 α 细胞进行交配产生既含有 *MAT***a**，又含有 *MAT*α 等位基因的二倍体细胞，这种二倍体细胞称为 **a**/α 细胞。

根据交配型的稳定性可以将菌株分为两组，即异宗配合型（heterothallic）与同宗配合型（homothallic）。异宗配合型菌株的交配型是稳定的，而同宗配合型单倍体菌株的交配型能够发生交配型的改变。所以，一个来自同宗配合型细胞的菌落将同时含有 **a** 和 α 细胞以及 **a** 和 α 细胞交配产生的二倍体细胞。

异宗配合型菌株与同宗配合型菌株间孢子杂交的结果表明，同宗与异宗之间的区别仅由一个单独的遗传座位决定，这个座位命名为 *HO*（Winge and Roberts 1949；Takahashi et al. 1958）。已经证明，一个同宗配合型细胞是在其细胞系的早期由一种交配型转变为另一种交配型的（Strathern and Herskowitz　1979）。

各种遗传分析证实了同宗交配现象相关的另外两个基因座的存在（Takahashi 1958；Takano and Oshima 1967），这些基因座现已被命名为 *HML* 和 *HMR*，并发现它们与 *MAT* 基因座同在第Ⅲ染色体上（图 9.1）。已经证明，*HML* 和 *HMR* 含有 *MAT* 基因座遗传信息的沉默拷贝（Hicks and Herskowitz 1977；Klar et al. 1979；Strathern et al. 1979）。通常，HML 含有 α 细胞型信息，HMR 含有 **a** 细胞型信息。*HO* 已被证明编码一种位点特异性内切核酸酶，该内切核酸酶只在 *MAT* 基因座中切割。DNA 双链发生断裂后，才可在 *MAT* 基因座与 *HML* 或 *HMR* 之间进行重组。通常，重组发生在 *MAT* 基因座与沉默基因座之间，沉默基因座含有与 *MAT* 相反交配型信息。由于这种重组不是交互的，因此，来自沉默基因座的信息保持不变，而 *MAT* 基因座的信息则发生改变。从这些观察结果中总结出了解释交配型转换的匣子模型（图 9.2）。

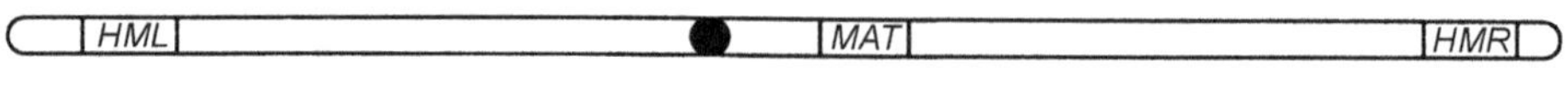

图 9.1　沉默基因座 *HML* 和 *HMR* 与 *MAT* 基因座同在染色体Ⅲ上的相对位置

能够产生不同交配型的同源基因细胞系的方法对描述新型突变十分重要。本实验中，我们将使用两种不同方法改变细胞的交配型。我们使用 *HO*，经同宗配合型通路促进转换的发生；我们利用两步法基因置换技术，用来自质粒的 *MAT* 等位基因替代起始 *MAT* 等位基因。

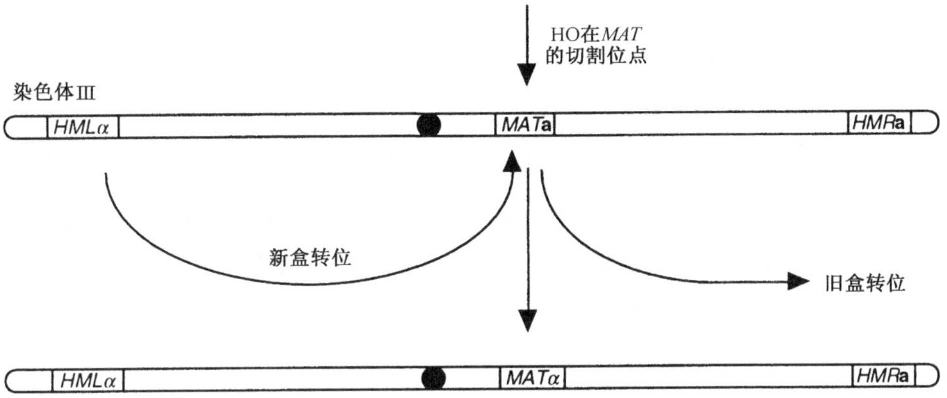

图 9.2　交配型转换的盒式模型（Herskowitz and Oshima 1981）
在这种情况下，α 信息置换了 *MAT* 基因座的 **a**。

实验九 A　采用 HO 产生二倍体

在本节中，用一个含有 *HO* 的质粒转化一个单倍体菌株。*HO* 基因的表达使得细胞可以改变其交配型。相反交配型的细胞可以交配产生二倍体。在 **a**/α 细胞中，*HO* 基因受到抑制，因而 **a**/α 细胞型是稳定的。丢失质粒的细胞会被检测出来，鉴定其是否改变了交配型。此程序可让同源基因 **a** 和 α 单倍体与 **a**/α 二倍体细胞型得以快速纯化。

菌株

9-1　NE2　*MATα ura3-52，leu2-3，112*

9-2　AAY1017　*MATα his1*

9-3　AAY1018　*MAT***a** *his1*

注意：由于 *HO* 突变，大多数实验菌株，包括以上三种菌株都是异宗配合型，但是这一突变很少会在菌株基因型中列出。菌株 9-2 和 9-3 对测定交配型是很有用的，但其遗传背景未知。因此，这些菌株除了用于交配型测试外从不用于基因杂交实验。

质粒

pCY204 在 YCp50 中含有 *HO*，选择标记是 *URA3*（图 9.3）

程序

第 1 天

把菌株 9-1 在 YPD 平板上划单克隆，于 30℃下培养。

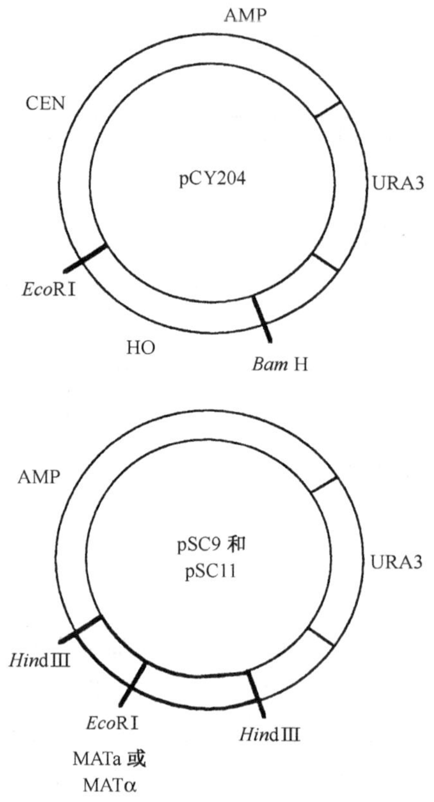

在YCp50的*Bam*HⅠ-*Eco*RⅠ位点上插入*HO*的*Bam*HⅠ-*Eco*RⅠ片段，获得pCY204。*HO*片段含有调节区和HO的编码区。(Russell et al. 1986)

将含有 *MAT*α 或 *MAT***a** 的 *Hin*dⅢ DNA 片段插入到一个缺失有功能的*Eco*RⅠ位点的pRS306载体的*Hin*dⅢ位点，获得pSC9和pSC11。用*Eco*RⅠ酶解可激发*MAT*基因座处的整合作用。(Chu and Herskowitz unpublished; Sikorski and Heiter 1989)

图 9.3　实验九 A 和 B 中的质粒

第 3 天

上午，把菌株 9-1 的菌落接种到 5ml YPD 培养液中，于 30℃下培养。将 YPD 平板置于 4℃下储存以备第 13 天使用。

第 4 天

按照“技术和方案 1，酵母的高效转化”将未切的质粒 pCY204（来自指导老师）转化到菌株 9-1。记住设置一个不含 DNA 的转化对照。每个转化液取 200μl 涂于 SC-ura 平板，在 30℃下培养。不含 DNA 的转化对照同样操作。

第 7 天

把 4 个转化子在 SC-ura 平板上划单克隆，于 30℃下培养。

第 9 天

将每个转化子的单菌落接种到 5ml YPD，于 30℃下培养。这将使丢失质粒的细胞得以生长。

第 10 天

使用血球计数板（附录 G，用标准血球计数板进行酵母细胞计数）测定细胞密度，用无菌蒸馏水适当稀释。用每 100μl 体积含有 10^5～10^6 个细胞的菌液涂 5-FOA 平板。对 *URA3* 基因进行反筛选以便使已经丢失了 pCY204 的细胞能够生长，将剩下的 YPD 培养物保存于 4℃以供第 12 天使用。

第 12 天

将每个转化子的 9 个 5-FOA^R 菌落接到 YPD 平板（共 36 个）制备一块原平板，包括亲本菌株 9-1。从第 10 天培养的 4 个中间培养物中分别取 3μl 点到原平板上，在 30℃下培养此 YPD 平板。将菌株 9-2 和 9-3 分别接到 2 管 5ml YPD 培养液中，在 30℃下振荡培养。

第 13 天

用 150μl 菌株 9-2 和 150μl 无菌水涂 SD 平板，使其干燥。用菌株 9-3 在另一块 SD 平板上重复这一过程。将原平板影印到 SD 平板上。每一个平板都用新的绒垫以防止平板间的污染。同时将原平板影印到一个产孢平板和一个 SC-ura 平板上。

第 15 天

统计接合能力和在 SC-ura 平板上的生长情况。

第 17 天

统计孢子形成能力，用牙签将细胞挑到载玻片上的水滴中，在相差显微镜下观察细胞。

材料

注意：以下是每对反应所需的量。

第 1 天

1 块 YPD 平板

第 3 天

1 支装有 5ml YPD 培养液的培养管

第 4 天

“技术和方案 1，酵母的高效转化”中所需的材料
未切的质粒 pCY204
装有 50ml YPD 培养液的锥形瓶

2 块 SC-ura 平板

第 7 天

1 块 SC-ura 平板

第 9 天

4 支装有 5ml YPD 培养液的培养管

第 10 天

无菌蒸馏水
8 块 5-FOA 平板

第 12 天

1 块 YPD 平板
2 支装有 5ml YPD 培养液的培养管

第 13 天

2 块无菌绒垫
2 块 SD 平板
1 块产孢平板
1 块 SC-ura 平板

实验九 B 用两步基因置换法进行交配型转换

利用两步基因置换法可以使某基因的一种等位基因被另一种等位基因置换（参见实验七），该技术通常用于一种无选择表型的突变等位基因置换一种野生型等位基因。这种方法的第一步是整合一个含有可选择标记和目标基因序列的质粒，这种整合可实现目标基因的重复，同时两个重复基因被一段质粒隔开（图 9.4A）。第二步是通过重复区段内的同源重组去掉质粒序列。如果用来筛选整合的标记能被反筛选，如使用 5-FOA 反筛选 *URA3*，则质粒非常容易去除。根据重组发生的位置，剩下的拷贝只带有两个等位基因中的一个（图 9.4B）。在本实验中，将使用两步基因置换法转换交配型。

菌株

9-4 YSC006 *MATα ura3 ade2-1 trp1-1 can1-100 leu2-3，112 his3-11，15* [*psi*$^+$] *GAL*$^+$

9-5 YSC005 *MAT***a** *ura3 ade2-1 trp1-1 can1-100 leu2-3，112 his3-11，15* [*psi*$^+$] *GAL*$^+$

质粒

pSC9　　*MATα* 插入到 pRS306 质粒，选择标记是 *URA3*（图 9.4A）

pSC11　　*MAT***a** 插入到 pRS306 质粒，选择标记是 *URA3*（图 9.4A）

程序

第 1 天

把菌株 9-4 和 9-5 在 YPD 平板上划单克隆，于 30℃下培养。

1、2、3、4 组使用菌株 9-4；5、6、7、8 组使用菌株 9-5。

第 3 天

上午，把菌株 9-4 和 9-5 的单菌落接种到 5ml YPD 培养液中，于 30℃下培养。将 YPD 平板置于 4℃下储存以备第 13 天使用。

第 4 天

按照“技术和方案 1，酵母的高效转化”转化菌株 9-4 和 9-5。从指导老师那里获得酶解质粒 DNA，用 pSC11 转化菌株 9-4，用 pSC9 转化菌株 9-5。记住设置一个不含 DNA 的转化对照。每个转化液取 200μl 涂于 SC-ura 平板，在 30℃下培养。不含 DNA 的转化对照同样操作。

第 6 天

把 4 个转化子在 SC-ura 平板上划单克隆，于 30℃下培养。

第 9 天

将每个转化子的单菌落接种到 5ml YPD，于 30℃下培养。

第 10 天

使用血球计数板（附录 G，用标准血球计数板进行酵母细胞计数）测定细胞密度，用无菌蒸馏水适当稀释。用每 100μl 体积含有 10^5～10^6 个细胞的菌液涂 5-FOA 平板。此平板将用于反筛选插入到 *MAT* 基因座重复区的 *URA3* 基因。通过同源重组，*URA3* 基因的“突环”形成过程产生了 5-FOA^R。剩下的 YPD 培养物于 4℃保存待第 13 天使用。

第 13 天

将每个转化子的 9 个 5-FOA^R 菌落接到 YPD 平板（共 36 个）制备一块原平板，包括亲本菌株 9-4 和 9-5。（从第 3 天保存于 4℃下的平板得到一个亲本菌株，另一亲本菌株可从邻组得到。）从第 9 天培养的 4 个中间培养物中分别取 10μl 点到原平板上，在

30℃下培养此 YPD 平板。

第 14 天

用 100μl 菌株 9-2 涂于 SD 平板上（来自实验九 A，第 13 天），使其干燥。用菌株 9-3 在另一块 SD 平板上重复这一过程。将原平板影印到 SD 平板上。每一个平板都用新的绒垫以防平板间的污染。同时将原平板影印到一个产孢平板和一个 SC-ura 平板上。

第 16 天

统计交配能力和在 SC-ura 平板上的生长情况。

第 17 天

统计孢子形成能力。

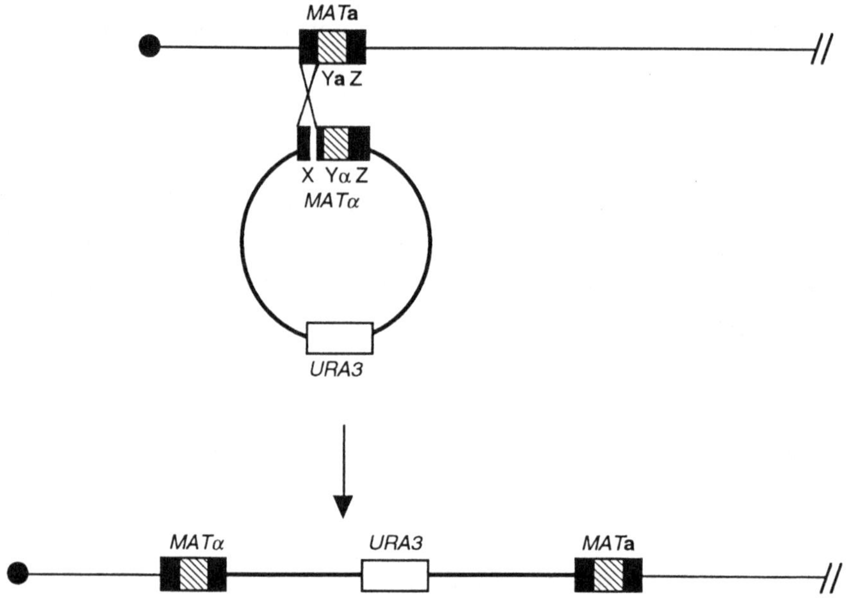

图 9.4A　两步基因置换法

第一步：在重复区 X 或 Z 处，通过同源重组将质粒整合入染色体，与一步基因置换法不同的是整个质粒都发生整合。注：两个等位基因相对顺序取决于交换的位置，在这个图中，决定交配型的序列发生在交换体的 3′端。

材料

注意：提供的量是每对反应所需的量。

第 1 天

1 块 YPD 平板

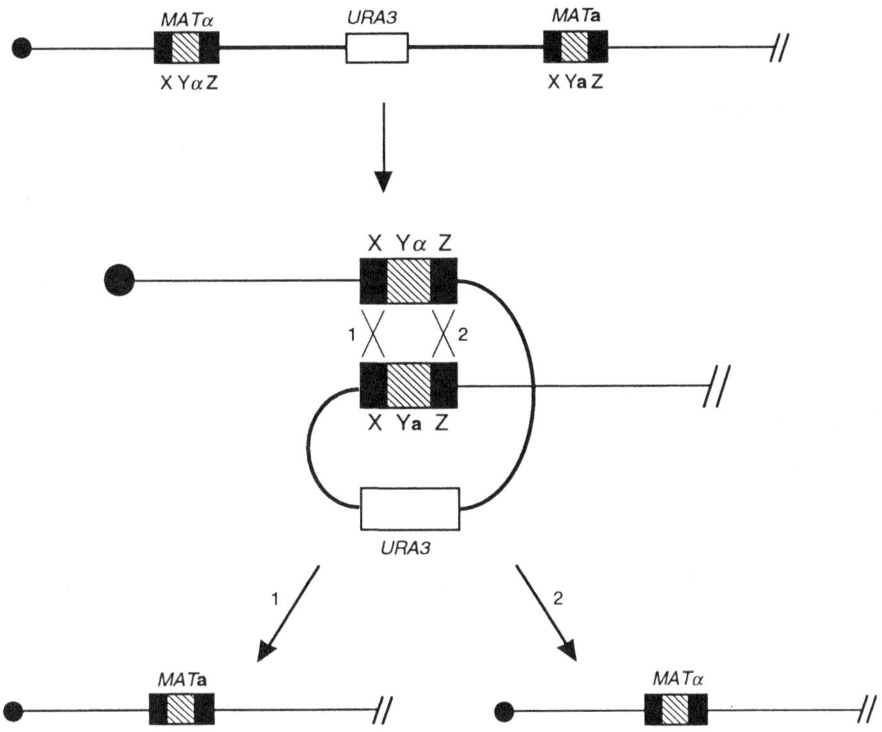

图 9.4B　两步基因置换法

第二步：反筛选整合体（在这种情况下，通过涂 5-FOA 平板可反筛选 *URA3* 基因）时应注意在 *MAT* 基因座重复区（X 或 Z）之间通过同源重组会形成“突环”。交配型转换成 *MAT***a** 或恢复成亲本等位基因（*MAT*α）依赖于重组发生的位点（X 或 Z）。

第 3 天

1 支装有 5ml YPD 培养液的培养管

第 4 天

“技术和方案 1，酵母的高效转化”中所需的材料
酶解的质粒 pSC9 和 pSC11 DNA
装有 50ml YPD 培养液的锥形瓶
2 块 SC-ura 平板

第 7 天

1 块 SC-ura 平板

第 9 天

4 支装有 5ml YPD 培养液的培养管

第 10 天

无菌蒸馏水
8 块 5-FOA 平板

第 13 天

1 块 YPD 平板

第 14 天

1 块产孢平板
1 块 SC-ura 平板
2 块 SD 平板
2 块无菌绒垫

Shelley Chu 和 Ira Herskowitz 使利用两步基因置换法转换交配型的方法得到发展。感谢他们在这一实验中为我们提供了方法论和材料。同时也感谢 Dana Davis 对本实验的最初撰写。

参考文献

Herskowitz I. and Oshima Y. 1981. Control of cell type in *Saccharomyces cerevisiae*: Mating type and mating-type interconversion. In *The molecular and cellular biology of the yeast* Saccharomyces: *Life cycle and inheritance* (ed. J.N. Strathern et al.), pp. 181–209. Cold Spring Harbor Laboratory, Cold Spring Harbor, New York.

Hicks J.B. and Herskowitz I. 1977. Interconversion of yeast mating types. II. Restoration of mating ability to sterile mutants in homothallic and heterothallic strains. *Genetics* **85:** 373–393.

Klar A.J.S., Fogel S., and Radin D.N. 1979. Switching of a mating-type a mutant allele in budding yeast *Saccharomyces cerevisiae*. *Genetics* **92:** 759–776.

Russell D.W., Jensen R., Zoller M.J., Burke J., Errede B., Smith M., and Herskowitz I. 1986. Structure of the *Saccharomyces cerevisiae HO* gene and analysis of its upstream regulatory region. *Mol. Cell. Biol.* **6:** 4281–4294.

Sikorski R.S. and Hieter P. 1989. A system of shuttle vectors and yeast host strains designed for efficient manipulation of DNA in *Saccharomyces cerevisiae*. *Genetics* **122:** 19–27.

Strathern J.N. and Herskowitz I. 1979. Asymmetry and directionality in production of new cell types during clonal growth: The switching pattern of homothallic yeast. *Cell* **17:** 371–381.

Strathern J.N., Blair L.C., and Herskowitz I. 1979. Healing of *mat* mutations and control of mating type interconversion by the mating type locus in *Saccharomyces cerevisiae*. *Proc. Natl. Acad. Sci.* **76:** 3425–3429.

Takahashi T. 1958. Complementary genes controlling homothallism in *Saccharomyces*. *Genetics* **43:** 705–714.

Takahashi T., Saito H., and Ikeda Y. 1958. Heterothallic behavior of a homothallic strain in *Saccharomyces cerevisiae*. *Genetics* **43:** 249–260.

Takano I. and Oshima. Y. 1967. An allele specific and a complementary determinant controlling homothallism in *Saccharomyces oviformis*. *Genetics* **57:** 875–885.

Winge Ø. and Roberts C. 1949. A gene for diploidization in yeast. *C.R. Trav. Lab. Carlsberg Ser. Physiol.* **24:** 341–346.

实验十　用插入诱变法分离突变体

酵母细胞中有两种微管结构，它们在生命周期中具有不同的功能。核微管作为核内有丝分裂纺锤体的主要组分，在染色体分离中起作用。胞质微管在子代细胞间的核定位和交配（同性配子的互相融合）中的核融合过程中起作用。缺失胞质微管的突变体可存活，而缺失核微管的突变体不能存活，这提示微管的重要功能在于染色体的分离。

苯菌灵是一种苯并咪唑药物，该药物是微管组装的潜在抑制剂。高浓度下，该药物可将细胞阻断于有丝分裂期；低浓度下，可使细胞周期在分裂后期前延滞。苯菌灵的致死剂量对遗传筛选尤其有用，可鉴定出两类突变体：一类苯菌灵敏感的突变体含有影响微管重要功能的基因；另一个突变体影响细胞周期调控和因微管功能紊乱引起的细胞周期阻断能力。

插入诱变法

在本实验中，我们利用插入诱变法筛选苯菌灵敏感的突变体。一个酵母基因文库被构建于细菌载体上，使用大肠杆菌转座子对文库进行诱变（Burns et al. 1994；Ross-Macdonald et al. 1999）。一个修饰过的 Tn*3* 转座子含有来自酵母的 *LEU2* 基因和来自大肠杆菌、被亚克隆到标记转座子末端的长为 38bp 的反向重复序列中的 *lacZ* 基因。该转座子缺乏转座所需的所有功能（由 *trans* 基因提供），被认为是一个迷你转座子或 mTn*3*-*lacZ*/ *LEU2*。*lacZ* 基因邻近 38bp 重复序列之一，缺少翻译起始密码子。因此，一些转座子（约 1/6）为框内 *lacZ* 基因融合结构。被修饰过的 *lacZ* 基因有时被称为 *lacZ*′。通过两步细菌交配法可实现转座子诱变。含有文库的菌株相继与含有 mTn*3* 的菌株、含由 *trans* 基因提供的转座酶和溶解酶的这两种菌株接合。结果是，文库被重建到大量质粒上（远超过 10^5 个），其中，每个质粒都发生了不同的转座事件。抽提质粒 DNA，用可切除含有 mTn*3*-*lacZ*/ *LEU2* 的酵母插入片段的 8bp 限制酶 *Not* Ⅰ 消化。处理后的 DNA 转化 *leu2* 酵母菌株，产生一步基因置换。在这种情况下，“置换的”片段是酵母基因组中随即诱变的区域。

转座诱变法有两个重要的特征。首先是诱变物质（转座子）可产生插入突变。插入到重要基因通常可引起致死，如果转化到单倍体细胞中，突变将无法恢复。由于我们基本上还是希望能将非重要基因的突变恢复，这产生了一种重要的偏差。第二个特征是插入事件可以标记突变基因，为分子克隆和鉴定提供了重要、有效的方法。我们利用酿酒酵母中的高效重组系统构建突变体。我们利用其已测序的基因组序列对基因进行鉴定。

鉴定突变体有两种方法。首先是去除转座子，将序列连接成为质粒。在本实验中，我们利用第二种方法，通过反向聚合酶链式反应使侧翼序列恢复；过程请见图 10.1。细线代表 mTn*3*-*lacZ*/ *LEU2* 转座子 DNA，粗线代表酵母 DNA。来自转座子 *lacZ* 端序列的引物用箭头表示。限制酶 *Rsa* Ⅰ［识别一个 4bp 序列（GTAC)］的位点如图

10.1 所示。一个位点邻近用于反向 PCR 的 IN＃2 引物。另一个 *Rsa* Ⅰ 位点在酵母 DNA 中未知距离处。由于基因组中 *Rsa* Ⅰ 位点的密度很高，这个距离可能会很小。酵母 DNA 用 *Rsa* Ⅰ 酶解，稀释，再连接。稀释可促进分子内的连接和环化的发生。IN＃1 和＃2 引物被用来将含有来自转座子 *lacZ'* 端的酵母 DNA 序列的片段扩增至侧翼 *Rsa* Ⅰ 位点。通过利用 SEQ 引物对 DNA 片段测序可确定 DNA 序列。

可以利用 mTn*3*-*lacZ*/*LEU2* 诱变法筛选苯菌灵敏感的突变体。野生型细胞培养物经诱变后，存活的细胞被涂布于 HC-leu 平板上以筛选转化子。菌落被影印到含有苯菌灵的 HC-leu 平板上以筛选苯菌灵敏感的突变体。随后，利用反向 PCR 和 DNA 测序鉴定苯菌灵敏感的突变体中的整合位点。

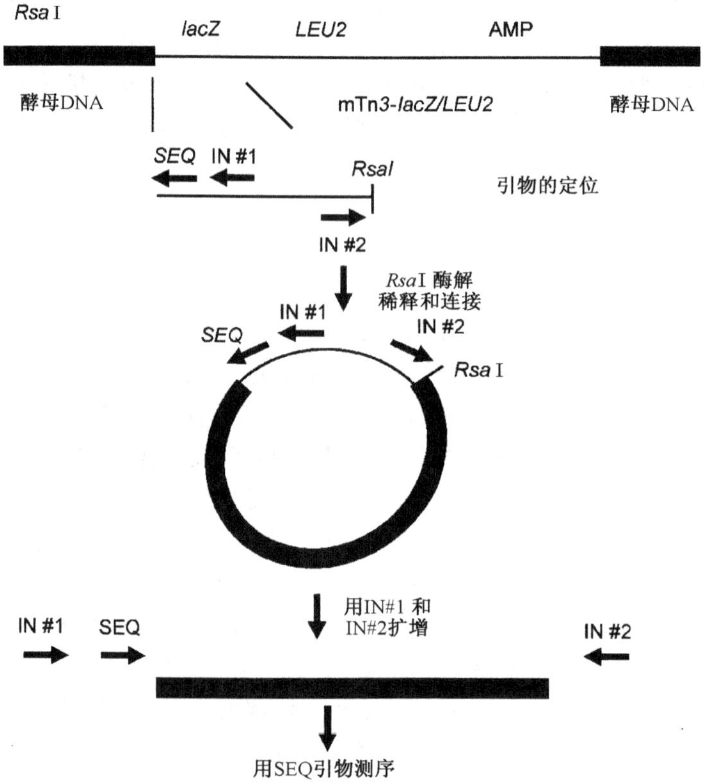

图 10.1 反向 PCR

菌株

10-1 BY4741 *MAT***a** *his3Δ1 leu2Δ0 ura3Δ0 met15Δ0*

引物

IN＃1 5′-TAAGTTGGGTAACGCCAGGGTTTTC-3′

IN＃2 5′-TTCCATGTTGCCACTCGCTTTAATG-3′

SEQ 5′-CCCCCTTAACGTGAGTTTTCGTTCC-3′

程序

第 1 天

把菌株 10-1 在 YPD 平板上划单克隆，于 30℃下培养 2 天。

第 3 天

挑取一个单菌落接种到 5ml YPD 液体培养基中，于 30℃下过夜培养。

第 4 天

用血球计数板测定细胞密度（附录 G，用标准血球计数板进行酵母细胞计数），将细胞稀释至 5×10^6 个/ml，按照“技术和方案 1，酵母的高效转化”进行高效转化。操作中微小的改进如下文所述。

收集细胞，用 9μg 预先经 *Not* Ⅰ 消化的 mTn*3-lacZ*/ *LEU2* 染色体组文库 DNA 转化。得到总共 9μg DNA，总体积为 90μl。每个转化用 10μl DNA。做 10 个转化，其中一个不含 DNA 作为对照，其余 9 个用 1μg DNA。在第 16 步，用 600μl 无菌水重悬细胞，取 200μl 转化液涂布于 HC-leu 平板上，于 30℃下培养 3 天。

转化菌株 10-1

第 7 天

统计菌株 10-1 转化后的 Leu^+ 菌落的数量。轻轻地将转化子影印到 HC-leu 平板上，HC-leu 平板含有 15μg/ml 苯菌灵，于 23℃下培养 2 天。

第 9 天

筛选苯菌灵敏感的突变体。统计转化子中苯菌灵敏感的突变体的比例。从 HC-leu 平板上将苯菌灵敏感的菌落重新克隆到新的 HC-leu 平板上，于 30℃下培养 2 天。

第 11 天

挑取单菌落，在 5ml YPD 液体培养基中于 30℃下过夜培养。

第 12 天

取细胞于 HC-leu 和 HC-leu＋苯菌灵平板上划线，重新测试苯菌灵的敏感性，于 23℃下培养 3 天。

第 13 天

按照“技术和方案 3D，制备酵母基因组 DNA：玻璃珠法”从 6 个培养物中准备基因组 DNA，用 100μl TE 重悬最终获得的珠子。每种 DNA 取 15μl，用 5～10U *Rsa* Ⅰ 消化，总体积为 100μl。加入 1μg RNase A，于 37℃下培养几小时。通过加热至 65℃，持续 20min 使 *Rsa* Ⅰ失活。取走 10μl，用 1×T4 DNA 连接酶缓冲液（含 ATP）将溶液稀释至 100μl。加入 100U T4 DNA 连接酶，在室温下过夜培养。

第 14 天

通过 PCR 扩增邻近 Tn*3* 转座子的 DNA 序列。向 5μl 连接后的 DNA 溶液中加入：
5μl 缺少 Mg^{2+} 的 10×*Taq* 聚合酶缓冲液
1μl 25μmol/L 引物 1
1μl 25μmol/L 引物 2
1μl 10mmol/L dNTP
32μl 蒸馏水
1μl *Taq* 聚合酶（2.5U）

利用"热启动"规则对分离的基因组 DNA 的成功扩增十分重要。我们使用来自 Lumitekk 的"镁热珠"。这些珠子是含有 PCR 反应所需的 $MgCl_2$ 的蜡状珠子。每个 PCR 反应加入一个蜡状珠子。蜡将会在 68℃溶解以释放 $MgCl_2$。95℃扩增 5min 后，以下过程循环 35 次：
94℃ 1min
65℃ 1min
72℃ 2.5min。

以 72℃持续 7min 终止最后一个循环。纯化扩增的 DNA 以去除蛋白质、寡核苷酸链和 dNTP（在此过程中将提供一个 Wizard PCR 准备试剂盒），使用 SEQ 引物对 DNA 测序。

第 15 天

统计 23℃下培养平板上苯菌灵敏感的菌落。使用联网的计算机，提交 DNA 序列，与酵母基因组数据库进行比对，检测转座子的定位。

材料

第 1 天

1 块 YPD 平板

第 3 天

1 根装有 5ml YPD 培养液的培养管

第 4 天

装有 50ml YPD 培养液的锥形瓶
"技术和方案 1，酵母的高效转化"中所需的材料
0.5mg 载体 DNA

9μg 经 *Not* Ⅰ消化的 mTn*3-lacZ*/ *LEU2* 染色体组文库 DNA
30 块 SC-leu 平板

第 7 天

30 块 SC-leu 平板和 30 块含有 15μg/ml 苯菌灵的 SC-leu 平板

第 9 天

6 块 SC-leu 平板

第 11 天

6 支装有 5ml YPD 培养液的培养管

第 12 天

1 块 YPD 平板
1 块 YPD＋苯菌灵平板

第 13 天

Rsa Ⅰ
60μl 10×限制酶缓冲液
5μl RNase A（5mg/ml）
60μl T4 DNA 连接酶缓冲液＋ATP
T4 DNA 连接酶

第 14 天

镁热珠
50μl 10×*Taq* 聚合酶缓冲液
10μl 25μmol/L 引物 1
10μl 25μmol/L 引物 2
10μl 10mmol/L dNTP
dH_2O
Taq 聚合酶
Wizard PCR 制备 DNA 纯化系统（Promega）
含有 mTn*3* 测序引物的 ABI 染色终止剂 DNA 测序试剂盒（由 Applied Biosystems 公司提供）

第 15 天

联网的计算机

参考文献

Burns N., Grimwade B., Ross-Macdonald P.B., Choi E.-Y., Finberg K., Roeder G.S., and Snyder M. 1994. Large-scale characterization of gene expression, protein localization and gene disruption in *Saccharomyces cerevisiae*. *Genes Dev.* **8:** 1087–1105.

Ross-Macdonald P., Coelho P.S., Roemer T., Agarwal S., Kumar A., Jansen R., Cheung K.H., Sheehan A., Symoniatis D., Umansky L., Heidtman M., Nelson F.K., Iwasaki H., Hager K., Gerstein M., Miller P., Roeder G.S., and Snyder M. 1999. Large-scale analysis of the yeast genome by transposon tagging and gene disruption. *Nature* **402:** 413–418.

实验十一　利用双杂交差异互作筛选以分离功能突变体

大多数生物学过程是以蛋白质间相互作用的方式进行的，并且已经发展出许多生化分析方法来探查这些相互作用。双杂交系统是一种以酵母为基础的遗传学分析技术，它提供了一种简便而灵敏的方法用于检测两个蛋白质间潜在的相互作用。它是建立在真核生物某些转录激活因子是调节子的基础上。例如，Gal4p，一种半乳糖代谢的正调控子，它由一个位点特异性 DNA 结合结构域（DBD）和一个酸性转录激活结构域组成（Keegan et al. 1986）。这个 DNA 结合结构域与一个位于 *GAL* 基因启动子内的上游激活序列（UAS）相结合，使转录激活结构域与其他转录元件相互作用以起始转录。这两个结构域可以分开并能够以独立的单位发生作用。Fields 和 Song（1989）利用 Gal4p 的这种特征创造了一个系统，在该系统中产生了两种杂合蛋白：一种蛋白质与 Gal4p DNA 结合结构域相融合，另一种蛋白质与 Gal4p 转录激活结构域相融合。结合和激活结构域本身不能发生相互作用，而且当它们一起在一个酵母细胞中表达时，也不能在 *GAL* 启动子处激活转录。但是如果与结合和激活结构域相融合的序列能够发生相互作用，那么结合和激活结构域将在 DNA 上相互靠近，从而形成一个有功能的转录激活因子。

最简单的情况是，双杂交系统被用于检测两种已知蛋白间的互作，这通常被称为直接双杂交（directed two-hybrid）。一种改进的直接双杂交法被用来鉴定目标蛋白质突变形式（通常是缺失）的互作能力，它还可以鉴定出相互作用所需的结构域。双杂交系统的另一种用途是用于鉴定一个随机基因组文库或 cDNA 文库中的相互作用蛋白，在这种情况下，目标蛋白基因与 DNA 结合结构域相融合，随机基因组 DNA 或 cDNA 片段与转录激活结构域相融合。

使用具有可以对多个报道基因起作用的 *GAL* 启动子的构件能够分析杂合转录激活因子的活性。在本实验中用的构件含有两个报道基因，它们是 *HIS3*——一个编码咪唑甘油磷酸酯脱水酶的酵母基因，该酶参与组氨酸的生物合成，*lacZ*——一个编码 β-半乳糖苷酶的细菌基因。*HIS3* 报道基因能够在缺乏组氨酸的培养基上筛选得到 His^+ 细胞，*lacZ* 报道基因可以通过观察含有产生色素的 X-gal（5-溴-4-氯-3-吲哚-β-D-半乳糖苷）底物的培养基直接看出表达 β-半乳糖苷酶的细胞。

要使双杂交方法获得成功就必须满足一些条件。首先，两种杂合蛋白必须都能够表达。在一些双杂交载体构件中应含有标签表位（epitope tag），以便可以通过 Western 印迹杂交分析来验证蛋白质基因的表达情况。其次，任何一种杂合蛋白均不能单独激活转录。当从一个文库中鉴定互作因子时，有几种可能性会导致假阳性，但并不是对所有情况在机理上都了解得很清楚。为了有助于鉴定出这些假阳性，就要对来自文库的质粒进行其他的检测：通过与一些标准测试蛋白比较（通常使用两个未在酵母中发现的 p53

和核纤层蛋白），首先对报道基因进行自激活检测，然后检测目标蛋白相互作用的专一性。同所有的遗传学方法一样，通过双杂交系统检测到的相互作用还要用生物学或生物化学实验加以确证。

正如上面所提到的，双杂交系统可以用来检测两种蛋白是否有相互作用，以及从一个文库中筛选有相互作用的蛋白，但是我们已经发现它还可以用来筛选特异性蛋白相互作用缺失的突变体（图 11.1）。这一应用要求目标蛋白必须能与多个蛋白质发生相互作

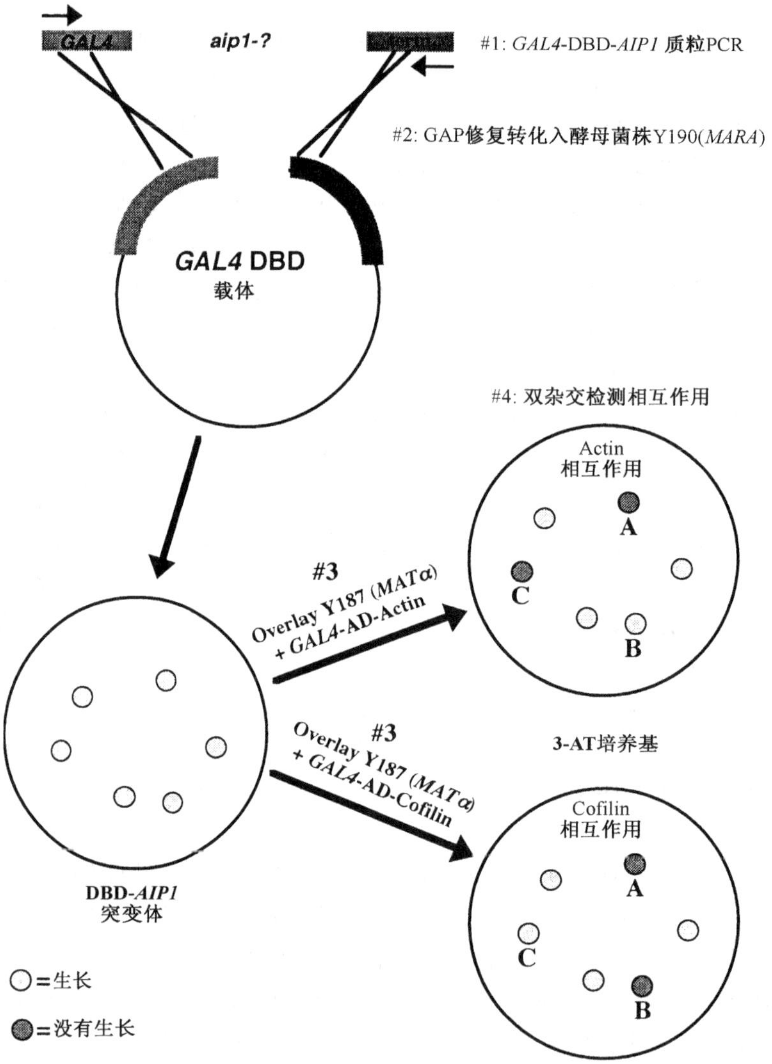

图 11.1　使用酵母双杂交系统筛选 *AIP1* 的功能突变体

第一步：用 PCR 诱变 *AIP1* 并插入一个 GAL4 DNA 结合域（DBD）的载体中；第二步：PCR 产物与 GAL4 线化/缺口载体共转化入酵母，酵母则通过同源重组（缺口修复）重建 GAL4 DBD-*AIP1* 融合载体；第三步：表达融合蛋白 Gal-4 actin 或 cofilin 活性域的酵母株与表达 Gal4-DBD 的 Aip1p 突变体株杂交。Aip1p 突变体与 cofilin 或 actin 互作的能力可通过对生长在含有 His^3p 抑制子 3-AT 的平板上的表达 His^3p 报道基因的菌落计数而获知。

用，而且这些相互作用可以在双杂交系统中探查到。在这一实验中，我们采用的是通过 *Taq* 聚合酶进行扩增和随机诱变而得到的来源于双杂交融合蛋白的插入片段（步骤 1）。这些 PCR 产物将与带缺口的双杂交载体共转入双杂交测试菌株（步骤 2）。在 PCR 产物和双杂交载体的同源序列之间发生重组事件并导致缺口修复，从而重新形成了原始的双杂交融合构件（Ma et al. 1987）。缺口修复事件是通过将转化物涂布在可以筛选双杂交载体选择性标记（*TRP1*）的培养基上进行筛选的。转化物平板再通过影印法分别影印到两种不同接合型的双杂交测试菌株，它们已经被转入了带有两种不同融合蛋白的相应的双杂交载体（程序 3）。让细胞接合生长一天，然后就可以挑选到含有两种双杂交载体的双倍体菌株。通过检测其在含有 3-氨基-三唑的培养基上的生长能力就可以同时检测双杂交激活现象，3-氨基三唑（3-aminotriazole，3-AT）是一种咪唑甘油磷酸酯脱水酶（受 *GAL* 应答启动子转录调控的 His3p 酶）的竞争性抑制剂。我们将鉴定并纯化那些不能与一种蛋白质互作，却仍能与其他蛋白质互作的突变体。以下是这一方法的优势：可以去除那些可能编码无义等位基因的严重突变，而且可以分离得到有明显缺陷的突变体（功能突变体的分离）。由于时间有限，我们将同时提供带有缺口的载体和 PCR 诱变产物，这样就可以从缺口修复转化开始实验。本节将采用由 Steve Elledge（Durfee et al. 1993）发展起来的基于 *GAL4* 的系统来筛选 *AIP1*（actin interacting protein 1，肌动蛋白相互作用蛋白 1）的突变体，它们或者不能与肌动蛋白互作，或者不能与肌动蛋白结合蛋白（cofilin）互作（Rodal et al. 1999）。

菌株

11-1	Y187	*MATα gal4 gal80 his3 trp1-901 ade2-101 ura3-52 leu2-3，112 cyh*^{r} *P*$_{GAL}$*-lacZ*
11-2	Y190	*MAT***a** *gal4 gal80 his3 trp1-901 ade2-101 ura3-52 leu2-3，112 URA3 ∷ P*$_{GAL}$*-lacZ LYS2 ∷ P*$_{GAL}$*-HIS3 cyh*^{r}
11-3	Y187	*MATα gal4 gal80 his3 trp1-901 ade2-101 ura3-52 leu2-3，112 cyh*^{r} *P*$_{GAL}$*-lacZ* [pAIP70]
11-4	Y187	*MATα gal4 gal80 his3 trp1-901 ade2-101 ura3-52 leu2-3，112 cyh*^{r} *P*$_{GAL}$*-lacZ* [pJT20]

质粒

pDAb189	在文库筛选载体 pDAb1 内编码了一个 Gal4-DBD-Aip1p 融合蛋白。这一质粒是诱变 PCR 的模板，并含有 *TRP1* 选择性标记，YCp 载体。
pDAb1	*GAL4*-DBD 结合结构域载体，含有 *TRP1* 选择性标记，基于 YCp。它是缺口修复转化的受体质粒。
pAIP70	在 pACT 载体内编码一个 Gal4 AD 和 actin 的融合蛋白，含有 *LEU2* 选择性标记，YEp 载体。

pJT20　在 pACTⅡ载体内编码一个 Gal4 AD 和 cofilin 的融合蛋白，含有 *LEU2* 选择性标记，YEp 载体。

引物

MCo-AIP1-DBD-1　5′-GACTGGAACAGCTATTTCTACTG-3′ pDAb1 内 *GAL4* DBD 结合结构域的正义链引物，位于多聚接头的上游。

MCo-AIP1-DBD-2　5′-GCAGCTGGCACGACAGGTTTCCC-3′ pDAb1 内的终止子的反义链引物，位于多聚接头的下游。

程序

（从开始实验的那天算起）

诱变 PCR

1μl pDAb189（10ng/λDNA）
5μl 5μmol/L MCo-AIP1-DBD-1
5μl 5μmol/L MCo-AIP1-DBD-2
5μl 10×*Taq* 聚合酶缓冲液
5μl 2mmol/L dNTP
0.5μl BSA
1μl *Taq* 聚合酶
26.5μl H_2O

标准 PCR 反应程序

94℃ 4 min
25 个循环：
　94℃ 1min
　55℃ 1min
　72℃ 2.5min
72℃ 20min
4℃保持

载体准备

用 *Sal*Ⅰ和 *Bam*HⅠ酶切消化 pDAb1 载体用于酵母菌株 Y190 内缺口修复
77.8μl H_2O
10μg pDAb1
10μl 10×*Bam*HⅠ 缓冲液
4μl *Sal*Ⅰ

4μl *Bam*H Ⅰ

1μl 10 mg/ml BSA

37℃ 消化 5h

用等体积的 1∶1 酚-氯仿和乙醇于－20℃沉淀过夜

第 2 天

13 000 r/min 离心 10min

80%乙醇洗涤沉淀

烘干沉淀并重悬于 80μl TE（pH 8.0）

第 1 天

接种 11-2（Y190）菌株于 5ml YPD 液体培养基，30℃培养过夜，为第 2 天早晨的缺口修复转化做准备。

第 2 天

将过夜培养物 11-2（Y190）菌株转接入 50ml YPD，经过至少 3 次倍增后，终浓度将达到 2×10^{7} 个/ml。这一菌株的倍增时间大概是 90min，我们可以假定如果过夜培养物达到稳定期时每毫升有 2×10^{8}～2.5×10^{8} 个细胞。

按照“技术与方法 1，酵母的高效转化”，做一个不含 DNA 的阴性对照转化，一个仅含有 1μl 切好的 pDAb1 DNA 的转化和另外两个含 1μl 切好的 pDAb1 和 5μlAIP1 的 PCR 产物的转化。将细胞最终重悬于 200μl 无菌水。

将阴性对照转化物和仅含 pDAb1 的转化物全部涂布在两块 SC-trp 平板上。分别将 20μl 和 180μl 缺口修复转化物涂布在两块 SC-trp 平板上（共四块）。30℃培养。

第 3 天

接种菌株 11-3（Y187＋pAIP70）和 11-4（Y187＋pJT20）于 5ml SC-leu 液体培养基，30℃培养过夜。

第 4 天

将 200～300 个从缺口修复转化物平板上长出的单克隆重新有序挑到两块或三块新的 SC-trp 平板上。

将 200μl 菌株 11-3（Y187＋pAIP70）和 11-4（Y187＋pJT20）分别涂布在两块或三块 SC-leu 平板上，使之形成菌苔。30℃培养。

第 5 天

将每块排列好的缺口修复转化物平板影印到两块 YPD 平板上。在一块上再影印菌株 11-3（Y187＋pAIP70）的菌苔，另一块上再影印菌株 11-4（Y187＋pJT20）的菌苔。一定要记得标记平板的方位，30℃ 培养。将排列好的缺口修复转化物原始板于 4℃保存。

第 6 天

将发生接合作用的细胞影印到 SC-trp-leu 平板上，30℃培养。

第 8 天

将发生接合作用的细胞再次影印到 SD＋ademine＋25mmol/L 3-AT，50mmol/L 3-AT 和 100mmol/L 3-AT，并于 30℃培养。

第 13 天

挑出那些在一块含一种接合对的 3-AT 平板上长，但在另一块 3-AT 平板上不长的克隆，再从原始的缺口修复转化物平板上将这些目标突变体划线至新的 SC-trp 平板上以得到单克隆。

到这一步实验结束，但是如果想再进一步完善它，则需要将质粒从酵母中拯救到 *E. coli* 中（技术和方案 3C，10min 制备酵母 DNA；转化 *E. coli* 或酵母以释放质粒）。接着我们将通过回转突变体至双杂交测试菌株中以对其重新验证。如果它仍然仅与其中的一个蛋白不能发生相互作用，那么我们将对该突变体进行测序并检测其生物学功能。

试剂和材料

第 1 天

5ml YPD

第 2 天

50ml YPD
"技术和方案 1，酵母的高效转化"中的"材料"
3μl *Sal* Ⅰ和 *Bam*H Ⅰ酶切好的 pDAb1
10μl AIP1 PCR 产物
6 块 SC-trp 平板

第 3 天

10ml SC-leu 液体培养基

第 4 天

3 块 SC-trp 平板
6 块 SC-leu 平板

第 5 天

6 块 YPD 平板
12 块无菌绒布

第 6 天

6 块 SC-leu-trp 平板
6 块无菌绒布

第 8 天

6 块 SD+ademine+25mmol/L 3-AT 平板
6 块 SD+ademine+50mmol/L 3-AT 平板
6 块 SD+ademine+100mmol/L 3-AT 平板
6 块无菌绒布

第 13 天

2 块 SC-trp 平板
无菌牙签

参考文献

Durfee T., Becherer K., Chen P.-L., Yeh S.-H., Yang Y., Kilburn A.E., Lee W.-H., and Elledge S.J. 1993. The retinoblastoma protein associates with the protein phosphatase type 1 catalytic subunit. *Genes Dev.* **7:** 555–569.

Fields S. and Song O. 1989. A novel genetic system to detect protein-protein interactions. *Nature* **340:** 245–246.

Keegan L., Gill G., and Ptashne M. 1986. Separation of DNA binding from the transcription-activating function of a eukaryotic regulatory protein. *Science* **231:** 699–704.

Ma H., Kunes S., Schatz P.J., and Botstein D. 1987. Plasmid construction by homologous recombination in yeast. *Gene* **58:** 201–216.

Rodal A.A., Tetreault J.W., Lappalainen P., Drubin D.G., and Amberg D.C. 1999. Aip1p interacts with cofilin to disassemble actin filaments. *J. Cell Biol.* **145:** 1251–1264.

技术和方案 1　酵母的高效转化

程序

该方法摘自 Gietz 和 Schiestl（1995）。

1）接种 5ml 液体 YPAD 或 10ml SC，30℃下振荡培养过夜。

2）计数过夜培养物细胞密度，以最终 5×10^6 个/ml 的细胞密度接种至 50ml YPAD 培养液。

3）置 30℃，200 r/min 振荡培养至 2×10^7 个/ml，这通常需要 3～5h，该培养物的细胞足够供 10 次转化用。

注意：（1）重要的是让细胞至少完成两次分裂；

（2）在细胞的 3 或 4 次分裂期间，转化效率恒定。

4）用 50ml 无菌离心管以 3000*g*（2500r/min）离心 5min，收集细胞。

5）弃培养液，把细胞重悬在 25ml 无菌水中，再同上离心。

6）弃水，把细胞悬浮在 1ml 的 100mmol/L 乙酸锂（LiAc）中，转悬浮物到一个无菌 1.5ml 离心管。

7）高速离心 5s 沉淀细胞，用微量移液器吸尽乙酸锂。

8）悬浮细胞到最终 500μl 体积（2×10^9 个/ml），其中，大约含 400μl 的 100mmol/L 乙酸锂。

注意：如果培养物的细胞数量大于 2×10^7 个/ml，将增加乙酸锂的体积以维持 2×10^9 个/ml 的悬浮细胞量。如果培养物的细胞量低于 2×10^7 个/ml，则应减少乙酸锂量。

9）将 1mlss DNA（担体）样品煮沸 5min，快速在冰水中冷却。

注意：没必要每次都煮 ssDNA，放置小等份在冰盒里，冻融 3 或 4 次后，需再煮沸，取出后应放置在冰上。

10）振荡细胞悬浮液，取 50μl 样品加到标记的离心管中，离心沉淀细胞，用微量移液器除去乙酸锂。

11）基本“转化混合液”由下列成分组成，小心按下列顺序加入：

240μl	PEG（50% *m/V*）
36μl	1.0mol/L 乙酸锂
25μl	ssDNA（2.0mg/ml）
50μl	水和质粒 DNA（0.1～10μg）

注意：按顺序加入是很重要的。应考虑最先加入 PEG 可保护细胞免受高浓度乙酸锂的不利影响。

12）剧烈振荡每个反应管直到细胞完全混匀，通常需要 1min 左右。

13）置 30℃保温 30min。

14）置 42℃水浴中热激 20～25min。

注意：最适热激时间随不同酵母而异。如果需要获得高转化频率，需事先测试最佳时间。

15）以 6000～8000r/min 的速度离心 15s，用微量移液器除去转化混合液。

16）吸 0.2～1.0ml 无菌水加到每个反应管中，用移液器上下轻轻抽提以悬浮沉淀。

注意：如果想获得高转化频率，这一步需尽可能温和地操作。

17）用等份的 200μl 转化混合液涂选择平板。

材料和溶液

聚乙二醇（PEG，50% *m/V*）（相对分子质量 3350，Sigma P3640）

加水至终浓度 50%（*m/V*），用 0.45μm 滤膜（Nalgene）进行过滤除菌。也可将 PEG 溶液进行高压灭菌，但一定要小心确保 PEG 溶液处于适当的浓度。此外，重要的是将 PEG 溶液保存于密封容器中，以防水分蒸发导致溶液浓度升高，在转化反应中，只要稍微改变最适浓度（33%），就会减少转化子数。

ssDNA（2mg/ml）

高相对分子质量 DNA（来自沙门氏试验中Ⅲ型脱氧核酸钠盐，Sigma D1626）

TE 缓冲液（pH8.0）

　　10mmol/L Tris-HCl（pH8.0）

　　1.0mmol/L EDTA

1）称 200mg DNA 溶于 100ml TE 缓冲液中。用 10ml 移液管反复上下抽动使 DNA 分散均匀，然后置于磁力搅拌器中剧烈搅拌 2～3h 直到完全溶解，或将溶液密封，置冷库内搅拌过夜。

2）分装 DNA 样品（每份 100μl 较适宜），置－20℃条件下保存。

3）使用前，每份 DNA 样品放沸水浴中至少 5min，之后置于冰浴中快速冷却。

提示

1）ssDNA 煮沸后，冷冻，重复使用 3 或 4 次。如果用煮过的 ssDNA，转化效率开始下降时，那么就要重新煮，或用另一份新 DNA 样品。

2）在该方法中用较低浓度（2mg/ml）的载体 DNA 较为适宜，重复性也较好。

3）在早期的方法中，用苯酚/氯仿抽提可确保最大的转化效率。如果所用 DNA 的质量好，就没必要抽提，可事先测试一下 DNA 载体的质量以便决定是否需要进行抽提。

1.0mol/L 乙酸锂（LiAc）母液

用去离子水配制 1.0mol/L 母液，过滤除菌，此溶液无需进行标定，但最终 pH 应在 8.4～8.9。

此方法的最新版本可通过下列网址查得：

http://www.umanitoba.ca/faculties/medicine/human_genetics/gietz/method.html/.

参考文献

Gietz R.D. and Schiestl R.H. 1995. Transforming yeast with DNA. *Methods Mol. Cell. Biol.* **5**: 255–269.

技术和方案 2　快速粗放的酵母菌落质粒转化法

程序

该方法根据 Chen 等（1992）修改而来。

1）用新鲜的 2mol/L 乙酸锂母液现配成以下转化混合液：

200μl 无菌 2mol/L 乙酸锂

800μl 无菌 50% PEG-3350

7.7μl β-巯基乙醇

2）加 3μl 10mg/ml 的变性鲑鱼精子 DNA 至 1.5ml 无菌离心管中，其中，已含有 1μg 质粒 DNA（标准微量制备得到的 5μl DNA 就足够）和 100μl 转化混合液，振荡混匀。

3）从一块新鲜的划线平板上挑取一个较大的酵母单菌落到以上加有 DNA 的转化混合溶液中并振荡均匀。另外做一个不含 DNA 的阴性对照转化。

4）在 37℃摇床孵育 30min。

5）3000r/min 离心 5min，弃上清，将细胞重悬于 100μl 无菌水，并涂布于选择平板。

材料和溶液

转化混合液

50%聚乙二醇（PEG）（MW 3350；Sigma P3640）

一个月以内配制的 2mol/L 乙酸锂（最好是新鲜配制的）

＞98% β-巯基乙醇（～17mol/L）；Sigma M7154

载体 DNA（10μg/μl 鲑鱼或青鱼精子 DNA）

注意：来源于新鲜平板的细胞转化效率非常高；在平板上培养了几个月的老细胞也可以用于转化，但是效率较低。

参考文献

Chen D.C., Yang B.C., and Kuo T.T. 1992. One-step transformation of yeast in stationary phase. *Curr. Genet.* **21:** 83–84.

技术和方案3　酵母 DNA 分离

A. 酵母 DNA 微量制备（40ml）

程序

1）在 125ml 三角瓶中用 40ml YPD 培养液在 30℃条件下培养细胞达最大生长量（过夜）。
2）将上述培养物移入螺盖离心管，用医用离心机或 Sorvall SS-34 转头以 5000r/min 离心 5min，弃去上清液。
3）将细胞悬浮在 3ml 的 0.9mol/L 山梨醇- 0.1mol/L Na_2EDTA（pH7.5）溶液中。
4）加 0.1ml 的 2.5mg/ml 消解酶 100T，置 37℃保温 1h。
5）用医用离心机或 Sorvall SS-34 转头以 5000r/min 离心 5min，弃去上清液。
6）将细胞重悬于 5ml 的 50mmol/L Tris-HCl（pH7.4）-20mmol/L Na_2EDTA 溶液中。
7）加 0.5ml 的 10% SDS，混匀。
8）置 65℃保温 30min。
9）加 1.5ml 的 5mol/L 乙酸钾溶液，在冰浴中放置 1h。
10）用 Sorvall SS-34 转头以 10 000r/min 离心 10min。
11）将上清液转移至干净的塑料离心管中，室温下加入两倍体积的 95%乙醇，混匀，以 5000～6000r/min 室温离心 15min。
12）弃上清液，将沉淀物干燥，然后悬浮在 3ml TE 缓冲液（pH7.4）中，此操作可能需要几个小时。
13）用 Sorvall SS-34 转头以 10 000r/min 离心 15min，将上清液转移到一个新试管，弃沉淀物。
14）加入 150μl 的 1mg/ml RNaseA 溶液，在 37℃下保温 30min。
15）加入一倍体积的 100%异丙醇，轻轻混匀。取出呈松散纤维状的沉淀物，无需离心，让其自然干燥。
16）将沉淀物悬浮在 0.5ml TE 缓冲液（pH7.4）中，置 4℃保存。酵母 DNA 的终浓度大约在 200μg/ml。如果最后的溶液不澄清，用异丙醇再次沉淀 DNA 或用 Sorvall SS-34 转头以 10 000r/min 离心 15min。

材料和溶液

装有 40ml YPD 的 125ml 三角瓶
带螺盖的离心管
0.9mol/L 山梨醇-0.1mol/L Na_2EDTA（pH 7.5）（3ml）

消解酶 100T（120493-1，Seikagaku America Inc.）溶液（0.1ml）
2.5mg/ml 溶在 0.9mol/L 山梨醇-0.1mol/L Na_2EDTA（pH 7.5）缓冲液
50mmol/L Tris-HCl（pH7.4）-20mmol/L Na_2EDTA（5ml）
10% SDS
5mol/L 乙酸钾（1.5ml）
95%乙醇
TE 缓冲液（pH7.4）
　10mmol/L Tris-HCl（pH7.4）
　1mmol/L Na_2EDTA
RNaseA 溶液（150μl）
　以 1mg/ml 的浓度溶解于 50mmol/L 乙酸钾溶液（pH 5.5），煮沸 10min，－20℃下储存。
无水异丙醇

B. 酵母 DNA 微量制备（5ml）

程序

1）接种酵母于 5ml YPD 中，置 30℃培养过夜。
2）用医用离心机以 2000 r/min 离心 5min 沉淀细胞，弃上清液。
3）将细胞悬浮在 0.5ml 的 1mol/L 山梨醇-0.1mol/L Na_2EDTA（pH7.5）缓冲液中，并转到一支 1.5ml 离心管中。
4）加入 0.02ml 的 2.5mg/ml 的消解酶 100T 溶液，置 37℃保温 1h。
5）离心 1min。
6）弃上清液，把细胞用 0.5ml 的 50mmol/L Tris-HCl（pH7.4）-20mmol/L Na_2EDTA 溶液悬浮。
7）加 0.05ml 的 10% SDS，混匀。
8）置 65℃保温混合物 30min。
9）加 0.2ml 的 5mol/L 乙酸钾，把离心管在冰浴中放置 1h。
10）离心 5min。
11）将上清液转移到一洁净微型离心管，室温下加入等体积的无水异丙醇，混匀，放置 5min。短暂离心（10s）弃上清液，让沉淀自然干燥。
12）用 0.3ml TE 缓冲液（pH7.4）重新悬浮沉淀。
13）加 15μl 的 1mg/ml 的 RNaseA 溶液，置 37℃保温 30min（此步可任意选择）。
14）加 0.03ml 的 3mol/L 乙酸钠，混匀，用 0.2ml 的无水异丙醇沉淀，再短暂离心收集 DNA。
15）弃上清液，自然干燥，用 0.1～0.3ml TE 缓冲液（pH 7.4）重新悬浮 DNA。
16）在使用限制性内切酶酶解 DNA 之前，有必要将最终溶液离心较长时间（15min）以便除去可能抑制酶解的不溶性物质。

材料和溶液

YPD

1mol/L 山梨醇-0.1mol/L Na_2EDTA（pH7.5）(0.5ml)

消解酶 100T（120493-1，Seikagaku America Inc.）溶液（0.02ml）

2.5mg/ml 溶在 1mol/L 山梨醇-0.1mol/L Na_2EDTA（pH 7.5）缓冲液

50mmol/L Tris-HCl（pH7.4），20mmol/L Na_2EDTA（0.5ml）

10% SDS

5mol/L 乙酸钾（0.2ml）

无水异丙醇

TE 缓冲液（pH7.4）

　　10mmol/L Tris-HCl（pH7.4）

　　1mmol/L Na_2EDTA

RNaseA（15μl）（可选）

　　以 1mg/ml 的浓度溶解于 50mmol/L 乙酸钾溶液（pH 5.5），煮沸 10min，−20℃下储存。

3mol/L 乙酸钠（0.03ml）

C. 10min 制备酵母 DNA

由 Hoffman 和 Winston（1987）的方法修改而来。

安全须知

苯酚　为强腐蚀剂，可导致严重灼伤。无论是吸入、摄入还是皮肤吸收都是有害健康的。使用时务必戴上手套、防护衣和护目镜。所有操作必须在化学通风橱中进行，与苯酚接触过的皮肤必须用大量水或聚乙二醇 400 冲洗，然后用肥皂水冲洗，禁用乙醇冲洗。

氯仿　有强挥发性，对皮肤、眼睛、黏膜和上呼吸道有强烈刺激，必须在化学通风橱中使用，应戴上手套和护目镜。氯仿有致癌作用，并可损伤肝、肾。

硝酸　易挥发，必须在通风橱中使用，吸入、摄入和皮肤吸收都是有毒的。浓酸须小心使用，要戴上适当的手套和面罩。远离热、火星和明火。

程序

大肠杆菌或酵母转化质粒的制备

1）在质粒 DNA 选择性培养基（如 SC-ura）中，置 30℃培养少量培养物（至少 1.4ml）过夜。

2）将培养物转入一支 1.5ml 的微型离心管，离心 5s，收集细胞。

3）小心倾去上清液，轻弹离心管，使沉淀重新悬浮于残余培养液中。

4）加入 0.2ml 的 2% Triton X-100，1% SDS，100mmol/L NaCl，10mmol/L Tris-HCl（pH8），1mmol/L Na_2EDTA；加入 0.2ml 的苯酚：氯仿：异戊醇（25：24：1）；加入 0.3g 酸洗过的玻璃珠。

5）振荡 2min。

6）离心 5min。

7）用 1～5μl 含 DNA 的水相转化 0.2ml 的大肠杆菌受体菌，用 15μl 水相转化酵母菌。

用于 Southern 分析的基因组 DNA 分离

1）用 YPD 培养基，置 30℃培养 10ml 酵母至最大生长量。

2）用医用离心机离心 2min，弃上清液，收集细胞，用 0.5ml 蒸馏水重新悬浮，将细胞转入 1.5ml 微型离心管中，离心 5s 收集细胞。

3）重复第 2）步。

4）重复第 2）步。

5）加 0.2ml TE 缓冲液（pH 8），振荡 3～4min。

6）离心 5min，将水相移至洁净试管，加 1ml 的无水乙醇，上下颠倒，混合均匀。

7）离心 2min，弃上清液，悬浮在 0.4ml TE 缓冲液和 3μl 的 10mg/ml RNaseA 溶液，置 37℃保温 5min，加入 10μl 4mol/L 乙酸铵和 1ml 的无水乙醇，上下颠倒，混合均匀。

8）离心 2min，弃上清液，自然干燥后，用 50μl 的 TE 缓冲液悬浮，每份样品用 10μl 进行 Southern 印迹分析，每份用量 2～4μg DNA。

材料和溶液

质粒 DNA 用选择性培养基，如 SC-ura：

0.2ml 的 2% Triton X-100，1% SDS，100mmol/L NaCl，10mmol/L Tris-HCl（pH8），1mmol/L Na_2EDTA（0.4ml）

苯酚：氯仿：异戊醇（25：24：1）（0.4ml）

玻璃珠

许多供应商生产的 0.45～0.5mm 玻璃珠都可以使用（如 Sigma，American QUALEX，Midwest Scientific，Stratagene）。玻璃珠需用硝酸浸泡并用大量蒸馏水清洗，玻璃珠在使用前需干燥。

YPD

无菌蒸馏水

TE 缓冲液（pH8）

10mmol/L Tris-HCl（pH 8）

1mmol/L Na_2EDTA

无水乙醇

RNase A 母液（3μl）

以 10mg/ml 的浓度溶解于 50mmol/L 乙酸钾溶液（pH 5.5），煮沸 10min，－20℃下储存。

4mol/L 乙酸铵（10μl）

D. 制备酵母基因组 DNA：玻璃珠法

程序

1）用 5ml 培养基（完全培养基或选择性培养基）在 30℃下，摇床培养过夜。
2）转移培养物至 13mm×100mm 的玻璃离心管中，用台式离心机以 1500r/min 离心 5min，收集细胞。
3）用 3ml 无菌水洗细胞，同上离心。
4）用 500μl 裂解缓冲液再次悬浮。
5）加入干净的玻璃珠（约 1.5ml 离心管的 2/3 体积）和 25μl 的 5mol/L NaCl。
6）以最高速振荡 1min。
7）以 2000r/min 离心 2min。
8）用 P-1000 移液器转移上清液至 1 支 1.5ml 离心管。
9）加入 500μl 苯酚，振荡，离心 1min。用 P-1000 移液器吸取水相（上层），转移至洁净离心管，加入 500μl SEVAG（氯仿：异戊醇，24：1），同上振荡，离心，抽提。
10）加入 1ml 预冷的 95％乙醇，在－20℃下沉淀 1h。
11）以最高转速离心 5min 沉淀 DNA，弃上清液，用 70％乙醇清洗，最后悬浮在 250μl TE 缓冲液中。
12）加 25μl 的 EDTA-Sark 和 5μl 的蛋白酶 K（10mg/ml），至 37℃保温 30min。
13）加 250μl 5mol/L 乙酸铵，重复 9）、10）步骤。
14）收集 DNA，用 70％乙醇洗，悬浮于 100μl 的 TE 缓冲液（每个酶解反应使用约 10μl）。

材料和溶液

YPD
13mm×100mm 的玻璃离心管
无菌水
裂解缓冲液
　　0.1mol/L Tris-HCl（pH8.0）
　　50mmol/L EDTA
　　1％SDS
5mol/L NaCl
玻璃珠（直径 0.5mm；BioSpec 产品 11079-105）

SEVAG（氯仿：异戊醇＝24：1）

95％乙醇

70％乙醇

EDTA-Sark

  0.4mol/L EDTA（pH8.0）

  2％ *N*-月桂酰肌氨酸

蛋白酶 K（10mg/ml）

5mol/L 乙酸铵

TE

  10mmol/L Tris-HCl（pH8.0）

  1mmol/L EDTA

水饱和苯酚（见 C 部分安全须知）

参考文献

Hoffman C.S. and Winston F. 1987. A ten-minute DNA preparation from yeast efficiently releases autonomous plasmids for transformation of *Escherichia coli*. *Gene* **57**: 267–272.

技术和方案 4　酵母蛋白质的抽提

该方法引用自 Kushnirov（2000），是一个简便、可靠的抽提酵母蛋白的方法，可用于 SDS 聚丙烯酰胺凝胶电泳（PAGE）和 Western 印迹分析。此步骤对于生长期和静止期的细胞都适用，也适用于液体和固体平板培养物。2.3mg（湿重）的细胞可以得到满足小型凝胶几个泳道的蛋白质量。

程序

1）从液体培养物中或用细菌接种环在平板表面刮菌，收集大约 2.5 OD_{600} 的细胞量（大约 2.3mg 湿重）。将细胞重悬于 100μl 蒸馏水中，加入 100μl 0.2mol/L NaOH，将样品室温放置 5min。

2）离心沉淀样品，并将其重悬于 50μl PAGE 样品缓冲液中。将样品于沸水中煮 3min 并再次离心沉淀。用移液器吸取含有蛋白质的上清，每个泳道用 6μl 上清上样，在小型凝胶上电泳分离蛋白质。

3）若要用 Bradford 法测蛋白质浓度，则将样品以 1∶3000 稀释。

材料和溶液

0.2 mol/L NaOH

2×PAGE 样品缓冲液

120mmol/L Tris-HCl（pH6.8）

10% 甘油

4% SDS

8% β-巯基乙醇（作者用 5%）

0.004%溴酚蓝

参考文献

Kushnirov V.V. 2000. Rapid and reliable protein extraction from yeast. *Yeast* **16:** 857–860.

技术和方案 5　TAP 纯化方法*

程序

1）培养 3～6L 细胞至浓度为 2×10^7～3×10^7 个/ml（OD_{600}＝1.0～1.3）。

2）离心收集细胞，并用冰预冷的水洗一次。

3）用冰预冷的 NP-40 缓冲液再洗一次后，转移到 50ml 的离心管中。

4）离心收集细胞，用 10ml NP 40 缓冲液重新悬浮细胞。

5）向干冰预冷的研磨杵和臼中加入液氮。在液氮挥发时，逐滴往磨臼内加入细胞。并注意添加液氮以保持细胞的冷冻状态。用力碾磨细胞 15min。注意防止细胞的融化。

6）转移处理好的裂解物到冰预冷的烧杯，并让其在室温中融化。当边缘开始融化时，加入 20ml 含有蛋白酶抑制剂的 NP-40 缓冲液（通常混合使用几种商业化的蛋白酶抑制剂）。

7）转移预处理好的裂解液到 40ml 的 Nalgene 离心管中，用 SA-600 或类似型号的转头在 16 500 r/min 高速离心。

8）加入 1ml 琼脂糖 6B（Sigma）的珠子（与 NP-40 缓冲液按 1∶1 混合）。4℃旋转摇动 30min。离心收集珠子。转移上清液到一个新的 50ml Falcon 离心管。

9）加入 400μl 用 NP-40 缓冲液预洗过的琼脂糖 6 Fast Flow IgG（Amersham），并在 4℃旋转摇动至少 2h。

10）旋转摇动好的产物倒入 Poly-Prep（BioRad）层析柱。自然重力压紧。

11）30ml NP-40 缓冲液洗柱子一次。

12）10ml TEV C 缓冲液再洗一次。

13）将层析柱装回收集管中，加入 1ml TEV C 缓冲液和 5μg TEV（tobacco etch virus）蛋白酶。拧紧盖后，4℃旋转摇动 2h 至过夜。

14）吸取洗脱液并转移到一个封住底部的新层析柱中。

15）1.0ml TEV C 缓冲液洗旧层析柱。

16）加 3ml CBB（钙调蛋白结合缓冲液）到 TEV 上清液中，再在每毫升 TEV 洗脱液中加入 3μl 1mol/L $CaCl_2$。加 300μl 钙调蛋白结合珠子（Amersham）于 CBB 中，珠子与缓冲液 1∶1 混合后，4℃平摇孵育 1h。

17）洗涤：

A. 1ml CBB（0.1%NP-40）洗 2 次

B. 1ml CBB（0.02%NP-40）洗 1 次

---

*串联亲和纯化（tandem affinity purification，TAP）方法是近年发展起来的一种用于分离、纯化细胞内蛋白质复合体的新技术。详见 Rigaut G et al. 1999. Nature Biotechnology. Vol. Oct. 1030～1032。——译者

18）堵住层析柱底部，加入 1ml CEB（钙调蛋白洗脱缓冲液）。
19）收集第一部分 1ml 洗脱液到微量离心管中。
20）堵住层析柱底部，加入 1ml CEB。
21）收集第二部分 1ml 洗脱液到微量离心管中。
22）合并两次收集液，分装成 500μl，750μl，750μl 三份到未硅化的微量离心管中。
23）用 100%TCA 溶液配制 25%TCA，冰浴 30min，间或振荡。
24）用最大转速（13 000 r/min），4℃离心 30min。
25）用冰冷（－20℃）丙酮（含 0.05mol/L HCl）洗一次后，在 4℃下，最大转速离心 5min。
26）用冰冷（－20℃）丙酮洗一次后，在 4℃下，最大转速离心 5min。
27）除去上清，真空干燥约 10min。
用 500μl 部分做 10%的胶电泳银染。用 750μl 部分做质谱分析。

NP-40 缓冲液

10mmol/L 磷酸钠缓冲液（pH 7.2）
150mmol/L NaCl
1%NP-40
50mmol/L 氟化钠
0.1mmol/L 矾酸钠
1mmol/L DTT
蛋白酶抑制剂

TEV C 缓冲溶液

25mmol/L Tris（pH 8.0）
150mmol/L NaCl
0.1%NP-40
0.5mmol/L EDTA
1mmol/L DTT

钙调蛋白结合缓冲液（CBB）

25mmol/L Tris（pH 8.0）
150mmol/L NaCl
1mmol/L 乙酸镁
1mmol/L 咪唑
2mmol/L $CaCl_2$
10mmol/L β-巯基乙醇

钙调蛋白洗脱缓冲液（CEB）

25mmol/L Tris（pH 8.0）

150mmol/L NaCl

1mmol/L 乙酸镁

1mmol/L 咪唑

0.02%NP-40

20mmol/L EGTA

10mmol/L β-巯基乙醇

技术和方案 6　酵母 RNA 的分离

大量 RNA 分离程序

此实验的设计是为了从 500ml 培养物中得到 10mg 以上的总核酸和 300～400μg poly（A）mRNA。文中提到的体积可直接应用于 200～500ml 培养物，但是若培养物的量明显过大或过小时，则需调整所用体积。

接种适量的过夜新鲜培养物到 200ml YPD（或 SC），培养到第 2 天早上以获得 2×10^7～4×10^7 个/ml。应用血球计数板（附录 G，用标准血球计数板进行酵母细胞计数）或克莱特（Klett）比浊仪检测细胞密度（多数菌株可达 50～100 克莱特单位）。

程序

安全须知

硝酸　易挥发，须在通风橱中使用，使用浓酸应加倍小心，须戴手套和防护面罩。

苯酚　为强腐蚀剂，会导致严重灼烧，使用时必须穿戴防护衣和护目镜，所有操作必须在通风橱中进行，与酚接触过的皮肤必须用大量水或聚乙二醇 400 冲洗，并且用肥皂水冲洗，不能用乙醇。

焦碳酸二乙酯（DEPC）　有剧毒且具挥发性，操作开口容器时必须戴上手套在通风橱中进行。此外，DEPC 与 Tris-HCl 混合加热会产生爆炸。

氯仿　有强挥发性，对皮肤、眼睛、黏膜和上呼吸道有强烈刺激，必须在通风橱中使用，应戴上手套和护目镜。氯仿致癌，并可损伤肝、肾。

酵母总 RNA 的分离

1）在每毫升培养物中加入 50μg 环乙酰亚胺，在 30℃下摇晃 15min。此步骤亦可省略，但是有人认为此步可防止 mRNA 凝集在多聚核糖体上。

2）迅速冷却收集细胞，在大离心瓶（Sorvall GS 或类似型号）中加入约一半体积的碎冰，将培养物倒入至盖过冰面，振荡，4℃，5000r/min 离心 5min。

3）加入 11g 酸洗过的玻璃珠于 30ml 离心管中，以 Corex 玻璃离心管为最佳，塑料离心管也能使用。

4）加入 3ml 已用 LETS 缓冲液平衡的苯酚到玻璃珠中。

5）用 2.5ml 冰预冷的 LETS 缓冲液悬浮细胞，并将其加入到上述玻璃珠/苯酚管中，为了使细胞达到最好的破碎效果，液面应刚好高于玻璃珠表面。

6）最高速振荡 30s 后，在冰上放置 30s，如此交替进行 3min。用相差显微镜检测细胞破碎情况，破碎的细胞呈现无折射的空细胞形态。

7）当至少 90％细胞破碎后，加 5ml 冰预冷的 LETS 缓冲液，轻微振荡，用 Sorvall SS-34 转头以 8000r/min 离心 5min，使溶液分相。离心后，酚层和蛋白质界面应刚好低于玻珠表面，以便容易地吸出水相而不会扰动界面。
8）将水相转到一个干净离心管，用 5ml 苯酚：氯仿：异戊醇（25：24：1）抽提 2 次，避免带入界面。如需要，可用氯仿再抽提一次。
9）加入 1/10 体积的 5mol/L 氯化锂，在－20℃下沉淀 3h。RNA 沉淀可保存在该温度下。

Poly(A) RNA 的分离

1）将保存的 RNA 用 Sorvall SS-34 转头以 10 000r/min 离心 10min，收集 RNA 沉淀，用 80％乙醇洗涤。真空干燥后，溶于 2.5ml 蒸馏水中。完全溶解后，加入 2.5ml 2×上样缓冲液，同时加 SDS 至终浓度为 0.3％。
2）65℃加热 5min。
3）将样品加到一个 oligo（dT）柱，用 1×上样缓冲液洗 3 次。
4）用 10 mmol/L HEPES（pH 7）洗脱 Poly（A）$^{+}$RNA。如果希望得到更满意的结果，可以加入 RNase 抑制剂。
5）用蒸馏水对 Poly(A)$^{+}$ RNA 进行 10 倍稀释，通过 OD_{260} 的光吸收测定 RNA 浓度。用水将 10mmol/L HEPES（pH 7）稀释 10 倍（1mmol/L HEPES）作为对照。
6）加 1/10 体积 3mol/L 乙酸钠和 2.5 倍体积无水乙醇沉淀 RNA，上下倒置混匀，在－70℃下放置 30min。离心 10min，弃上清液。用蒸馏水溶解 RNA 沉淀使终浓度为 1mg/ml。无论是溶解的 RNA 或是乙醇沉淀的 RNA 都能在－70℃下长期保存。

材料

环乙酰亚胺（50μg/ml 培养物）（可选）

大离心瓶（Sorvall GS3 或类似型号）

玻璃珠：不同商家的 0.45～0.5mm 玻璃珠都可使用（如 Sigma，American QUALEX，Midwest Scientific，Stratagene）。先用硝酸浸泡玻璃珠，再用大量的蒸馏水清洗使其净化。使用前需进行干燥。

离心管（Corex 玻璃或塑料，30ml）

用 LETS 缓冲液平衡的苯酚（3ml）

LETS 缓冲液

0.1mol/L LiCl

0.01mol/L Na_2EDTA

0.01mol/L Tris-HCl（pH 7.4）

0.2％SDS

0.1％二乙基焦碳酸（可选）

苯酚：氯仿：异戊醇（25：24：1）

氯仿（可选）

5 mol/L LiCl
80%乙醇
无菌蒸馏水
1×上样缓冲液
　0.5 mol/L NaCl
　0.01 mol/L HEPES（pH 7）
SDS
oligo（dT）柱
10mmol/L HEPES（pH 7）
RNase 抑制剂（可选）
3mol/L 乙酸钠
无水乙醇

快速小量 RNA 的分离

程序

基于 Schmitt 等 1990 年发表的方法。

1）将 7.5×10^7 个细胞的过夜培养物接种于 50ml YPD 培养基。

2）在适当的温度和转速下培养细胞到要求的浓度。在收集细胞之前可转移到不同的温度。细胞密度不应超过 1.5×10^7 个/ml 或者 OD_{600} 值不超过 1.5。计算细胞密度有利于后期比较相对的 RNA 表达水平。(附录 G，用标准血球计数板进行酵母细胞计数)

3）4℃下，3000*g* 离心 3min 收集细胞。弃上清后，用 1ml 预冷的 AE 缓冲液重悬细胞。迅速转移细胞到一个离心管中，16 000*g*，离心 10s。弃上清，再用 1ml 预冷的 AE 缓冲液重悬细胞，重复此步骤。

注意：细胞必须尽可能快地预冷。并且在整个操作过程中都应保证在冰上操作以减少 RNA 的降解。

4）用 400μl 预冷的 AE 缓冲液重悬细胞，并加入 40μl 10%的 SDS 充分混匀。再加入 440μl 预先用 AE 缓冲液平衡的苯酚溶液（pH 5.2）充分混匀。

5）准备干冰/95%乙醇浴：干冰压成粉末后，缓慢加到 95%的乙醇中，直到乙醇溶液呈厚糊状为止。

6）在该干冰/95%乙醇浴上快速冷冻细胞 5min 后，将细胞转移到 65℃水浴 5min。振荡裂解物 30s 并重复该冻融振荡过程。

7）再次在干冰/95%乙醇浴上快速冷冻细胞 5min。

8）裂解物在室温下 16 000*g* 离心 7min。如果有机相和水相不能完全分层（有大量白色绒毛状悬浮物），则再在 16 000*g* 离心 5min。若仍然不能有效分层，则补加 100μl 预冷的 AE 缓冲液和 100μl 苯酚（pH 5.2）后，再在室温下 16 000*g* 离心 5min。转移水层到一个新的离心管。

9）加入 600μl 酚（pH 5.2）-氯仿-异戊醇（25∶24∶1）抽提，混悬振荡后，室温下

16 000g离心 5min。转移水层到新离心管。

10）加入 50μl 3mol/L 乙酸钠（pH 5.2）和 1ml 预冷的无水乙醇以沉淀 RNA。−20℃冷冻 RNA 20min。RNA 可在无乙酸钠的无水乙醇中保存于−70℃备用。

11）4℃下，16 000g 离心 15min。弃尽上清，并用 1ml 预冷的 80%的乙醇洗一次。16 000g离心 15min，弃尽上清（移除所有的液体以减少盐污染）。真空离心干燥 RNA（5～10min）并用 100μl 双蒸水重悬。

12）以 260nm 和 280nm 的吸收值来确定 RNA 浓度和纯度。$OD_{260/280}$值在 1.7～2.0 表明 RNA 的纯度为可接受的。1abs. 单位 = 38μg RNA。RNA 产量一般在 50～200μg。

注意：上述方法中所涉及的容器都必须用 RNase Away™（LPS）预洗后 160℃干烤 24h。所有的水试剂在灭菌前都必须按 1∶1000（V/V）的比例加入焦碳酸二乙酯以灭活 RNA 酶。

材料

AE 缓冲液

　　50mmol/L 乙酸钠（pH 5.2）

　　10mmol/L EDTA（pH 8.0）

10%SDS

苯酚（用 AE 缓冲液平衡，pH 5.2）

干冰/95%乙醇浴

3mol/L 乙酸钠（pH 5.2）

100%乙醇

80%乙醇

焦碳酸二乙酯（Sigma）

参考文献

Schmitt M.E., Brown T.A., and Trumpower B.L. 1990. A rapid and simple method for preparation of RNA from *Saccharomyces cerevisiae*. *Nucleic Acids Res*. **18:** 3091–3092.

技术和方案 7　质粒 DNA 的羟胺突变

程序

安全须知

羟胺　有腐蚀性，剧毒，吸入、吞入或皮肤吸收都会引起危害。应戴手套、护目镜在化学通风橱中操作。

1）临用之前制备羟胺溶液，置冰上待用。
2）将用 CsCl 纯化的 10μg 质粒 DNA 加到含 500μl 羟胺溶液的微量离心管中。
3）在 37℃下温育 20h。
4）加入 10μl 的 5mol/L NaCl，50μl 1mg/ml 的牛血清白蛋白（BSA）和 1ml 无水乙醇以终止反应，置－70℃10min 以沉淀 DNA。
5）离心 10min，小心倾其所有上清液。
6）重悬 DNA 于 100μl TE 缓冲液（pH 8）中，再加入 10μl 3mol/L 的乙酸钠和 250μl 的无水乙醇，在－70℃下放置 10min，重复步骤 5。
7）让沉淀自然干燥，重悬于 100μl TE 缓冲液（pH 8）。
8）该 DNA 可直接用于大肠杆菌或酵母的转化。相对于非诱变 DNA，已诱变 DNA 在酵母中的转化效率降低了 3/4。Ura^- 质粒在大肠杆菌中可被检出。大肠杆菌菌株可以是 ung^+，但其转化效率将降低至原来的 1/10～1/100。当转化 ung^+ $pyrF^-$ 大肠杆菌菌株（DB6507）时，如果 *URA3* 基因约占整个质粒 DNA 的 10%，有望获得约 4%的 Ura^- 菌落。用同样的诱变 DNA 母液转化酵母，将得到约 1%丧失功能的突变（敲除）。约有 10%的突变体是温度敏感型的。

材料和溶液

羟胺溶液

　　0.35g 羟胺盐酸

　　0.09g NaOH

　　5ml 冰冷蒸馏水

　　用水溶解固体，调 pH 至 7，临用前制备，放冰浴中待用。

氯化铯纯化的质粒 DNA（10μg）

5mol/L NaCl

1mg/ml 牛血清白蛋白（BSA）

无水乙醇（100%）

TE 缓冲液（pH 8）

　　10mmol/L Tris-HCl（pH 8）

　　1mmol/L Na_2EDTA

　　3mol/L 乙酸钠

技术和方案8　酵母β-半乳糖苷酶的测定

有两种体外检测酵母β-半乳糖苷酶的基本方法，主要区别是所用测定材料的制备方法不同。第一种方法是制备粗提物并通过蛋白质定量分析进行酶活力的均一化（Rose and Botstein 1983）。第二种方法是利用细胞的通透性使底物进入细胞并通过测定细胞数量进行酶力的均一化（Guarente 1983）。前一种方法适合于比较在不同条件下生长或有不同遗传背景的细胞。后一种方法是根据大肠杆菌的检测方法改进的，特别适合于测定单个菌株内活性水平的改变。另外，也可以通过简单的冻/融来裂解细胞，用化学发光法检测β-半乳糖苷酶的水平。

方法1　粗提取物测定

安全须知

硝酸　易挥发，谨慎操作，吸入、吞入或皮肤吸收有剧毒。应戴安全手套及防护面罩，在化学通风橱中操作。避免吸入硝酸蒸气，远离热源、火星、明火。

PMSF　剧毒的胆碱酯酶抑制剂。对上呼吸道黏膜、眼睛和皮肤有极大的损伤。若吸入、吞入或经皮肤吸收，会有生命危险。应戴手套、护目镜在化学通风橱中操作。万一沾染了PMSF，应立即用大量水冲洗，并丢弃被污染的衣物。

氯仿　有强挥发性，对皮肤、眼睛、黏膜和上呼吸道有强烈刺激，必须在通风橱中使用，应戴上手套和护目镜。氯仿致癌，并可损伤肝、肾。

1）在适当温度下（通常30℃），在5ml适当的培养基中将细胞培养到浓度为$1\times10^7\sim2\times10^7$个/ml。如果是在自主复制质粒上表达杂合基因，可使用一种适当培养基对存在质粒的菌株进行筛选。

2）在冰上冷却细胞，离心收集（用医用离心机以2000r/min离心5min）。

注意：从这一步骤开始，其后所有步骤保持在冰上操作。

3）弃上清液，重悬细胞于250μl裂解缓冲液中，然后置－20℃冻结，以备后续测定。以下步骤均在1.5ml离心管中进行。

4）若细胞是冻结的，可在冰上解冻。加玻璃珠恰好到液面下，再加12.5μl PMSF母液。

5）以高速振荡混合6次，每次15s，间歇时放在冰上。

6）加入250μl的裂解缓冲液并混匀，用1000μl移液器深入离心管底部抽打并吸出液体。

7）离心15min以澄清提取物。如果活性存在于颗粒部分中，则未澄清的上清液也可用，而测定的混合物将在步骤8澄清。

8）测定：

A. 加 10～100μl 抽提物到 0.9ml 的 Z 缓冲液中，用裂解缓冲液定容至 1ml。

B. 将混合物在 28℃水浴中保温 5min。

C. 加入 0.2ml 邻硝基苯-β-D 半乳吡喃糖苷（ONPG）母液以启动反应。注意记录准确时间，在 28℃下保温至混合物产生淡黄色。

D. 加入 0.5ml 碳酸钠母液终止反应，注意准确记录反应终止的时间，在 420nm 波长下测定光密度。

9）采用 Bradford 法测定抽提物中的蛋白质浓度。

A. 将 Bradford 试剂用蒸馏水稀释 5 倍。用 Whatman 540 号（或类似型号）滤纸过滤稀释试剂。用这种方法制备的抽提物通常含有 0.5～1.0 mg/ml 蛋白质。

B. 加 10～20μl 抽提物到 1ml 稀释试剂中混匀。在 595nm 波长下测定形成的蓝色溶液，用一次性塑料比色杯以免形成的蓝膜影响测定结果。

C. 用裂解缓冲液溶解并稀释一系列不同浓度的 BSA（0.1～1mg/ml）制成标准曲线。

10）根据公式计算抽提物的特异活性：

$$\frac{OD_{420}\times 1.7}{0.0045\times \text{蛋白质浓度}\times \text{抽提物体积}\times \text{时间}}$$

式中，OD_{420}是产物邻硝基苯酚在波长 420nm 下的光密度；系数 1.7 是反应体积的修正值；系数 0.0045 是 1nmol/ml 邻硝基苯酚溶液的光密度；蛋白质浓度用mg/ml表示；抽提物体积用 ml 表示；时间用 min 表示；特异性酶活力用 nmol/（min · mg 蛋白质）表示。

方法 2　通透细胞测定法

1）按上述方法培养细胞，测定培养物的 OD_{600}，当培养物细胞密度达 $1\times 10^6 \sim 1\times 10^7$ 个/ml 时，同方法 1 离心收集细胞。

2）弃上清液，将细胞悬浮于 1ml Z 缓冲液中。

3）加入 3 滴氯仿和 2 滴 0.1%SDS，高速振荡 10s。

4）在 28℃下预保温样品 5min，同方法 1 加入 0.2ml ONPG 启动反应。

5）当试管中的样品变为浅黄色时，加入 0.5ml 碳酸钠母液终止反应。注意在测定时所花的时间。离心 10min，弃细胞碎片和沉淀物。

6）测定反应物的 OD_{420}。

7）β-半乳糖苷酶的活性单位为：

$$\frac{OD_{420}}{\text{培养物的 }OD_{600}\times \text{测定体积}\times \text{时间}}$$

式中，OD_{420}是产物邻硝基苯酚的光密度；OD_{600}是培养物的光密度；测定体积是指测定时所用培养物体积量，用 ml 表示；时间用 min 表示。

材料和溶液

合适的液体培养基

裂解缓冲液

100mmol/L Tris-HCl（pH 8）

1mmol/L 二硫苏糖醇

20%甘油

玻璃珠

来自不同供应商（如 Sigma，Ameirican QUALEX，Midwest Seientific，Stratagene）

直径 0.45～0.5mm 的玻璃珠都是可用的。用硝酸浸泡玻璃珠使其洁净，后用大量蒸馏水清洗，玻璃珠用前须干燥。

PMSF（Sigma P7626）母液

用无水异丙醇（100%）制备成 40mmol/L 溶液，保存在－20℃条件下。

Z 缓冲液（Miller 1972）

16.1g	$Na_2HPO_4 \cdot 7H_2O$
5.5g	$NaH_2PO_4 \cdot H_2O$
0.75g	KCl
0.246g	$MgSO_4 \cdot 7H_2O$
2.7ml	β-巯基乙醇

用蒸馏水定容至 1L

调 pH 至 7.0，保存于 4℃

ONPG（邻硝基苯-β-D-吡喃半乳糖苷）储存液

用 Z 缓冲液制备成 4mg/ml 溶液，保存于－20℃

Na_2CO_3 储存液

用蒸馏水制备成 1mol/L Na_2CO_3 溶液

Bradford 试剂（Bio-Rad）

蒸馏水

Whatman 540 型滤纸或类似型号

一次性塑料比色杯

用裂解缓冲液制备 0.1～1mg/ml 牛血清白蛋白溶液

氯仿

0.1%SDS

方法 3　冻融化学发光法检测 β-半乳糖苷酶

该方法是用一种化学发光底物作为 β-半乳糖苷酶的底物（由 Applied Biosystems for Tropix 销售）。细胞必须先裂解，以便底物与 β-半乳糖苷酶相遇。该冻融的步骤简单并适用于荧光素酶分析。

适用于微量离心管的程序

1）细胞培养过夜到饱和状态（约 10^8 个/ml）。

2）稀释细胞 50 倍，让其再生长 6h。
3）转移 1ml 菌液到微量离心管，离心弃上清。
4）在液氮中冻 2min。
5）在室温水浴中融化 2min。
6）再重复一次该冻融步骤。
7）100μl Z 缓冲液重悬细胞（Z 缓冲液购自 Tropix 的 Galacto-Star 系统）。
8）加 20μl 的裂解细胞到 100μl 的 β-半乳糖苷酶底物和 Tropix 缓冲液中。
9）等待 60min 后用荧光光度计检测样品。

适用于 96 孔板的程序

1）在 96 孔深孔板（2ml）中，用 0.6ml 培养基培养细胞过夜到饱和状态。
2）稀释细胞 50 倍到标准的 96 孔板，再生长 6h。
3）将板离心，并将板倒置在纸巾上以除去上清。
4）将板在－80℃放置 1h（若要稳定则至少放置 2 天）。
5）融化板，每孔加入 100μl Z 缓冲液（购自 Tropix 的 Galacto-Star 系统）。
6）加 100μl β-半乳糖苷酶底物和 Tropix 缓冲液到白色、不透明的 96 孔板中。
7）转接 20μl 细胞提取物（包含有底物）到白显色板。
8）等待 60min 后于 96 孔荧光光度计中测定。

材料和溶液

Applied Biosystems for Tropix 公司销售各种用于分析 β-半乳糖苷酶的化学发光试剂盒。其中，Tropix Gal-Screen 系统（商品目录号 GSY200 和 GSY1000）适用于酵母。

参考文献

Bradford M.M. 1976. A rapid and sensitive method for the quantitation of microgram quantities of protein utilizing the principle of protein-dye binding. *Anal. Biochem.* **72:** 248–254.

Guarente L. 1983. Yeast promoters and *lacZ* fusions designed to study expression of cloned genes in yeast. *Methods Enzymol.* **101:** 181–191.

Miller J.H. 1972. *Experiments in molecular genetics.* Cold Spring Harbor Laboratory, Cold Spring Harbor, New York.

Rose M. and Botstein D. 1983. Construction and use of gene fusions to *lacZ* (β-galactosidase) that are expressed in yeast. *Methods Enzymol.* **101:** 167–180.

技术和方案9　羧肽酶Y的平板鉴定

程序

改编自Jones操作步骤（1981）

1）在YPD平板上培养菌落或菌苔（通常菌落长3天，菌苔长1天即可）。
2）小心把覆盖液加在平板的表面使之完全覆盖细胞。
3）待琼脂凝固5～10min后，小心用新鲜Fast Garnet GBC溶液冲刷表面。
4）显色5min，野生型菌株将变红，而羧肽酶Y阴性菌株将呈现黄色或粉红色。
5）倒出Fast Garnet溶液以便更好地观察颜色变化。

材料和溶液

覆盖液（用于一个平板的量）

在玻璃或聚丙烯试管中，将2.5ml的1mg/ml *N*-乙酰-DL-苯丙氨酸-*β*-萘酯（溶在二甲基甲酰胺中）与4ml熔化的0.6%琼脂混合，保温在50℃。

Fast Garnet GBC溶液（每个平板用5ml）

5mg/ml Fast Garnet GBC（硫酸盐，Sigma F8761）溶于0.1mol/L Tris-HCl（pH 7.4）

二甲基甲酰胺促进细胞的通透性。细胞中的羧肽酶Y切割*N*-乙酰-DL-苯丙氨酸-*β*-萘酯的酯键，游离的*β*-萘酚与重氮盐Fast Garnet GBC反应产生一种不溶性的红色沉淀。

参考文献

Jones E.W. 1991. Tackling the protease problem in *Saccharomyces cerevisiae*. *Methods Enzymol*. **194:** 428–453.

技术和方案 10　随机孢子分析

程序

Ⅰ．孢子形成

1）挑取一个将要生孢的二倍体单菌落接种在 YPD 平板上，尽可能把细胞涂薄一些，在 30℃下培养 12～16h，超过 16h 将明显降低孢子的形成率。

2）次日挑取相当一火柴头量的细胞，转接到含有 2.5ml 产孢培养基的试管中，在 25℃下摇床培养。

3）用光学显微镜检测孢子形成情况。要使 5%以上的细胞形成孢子需花 2～10 天。

Ⅱ．随机孢子

4）取 1ml 生孢培养物转到 15ml 的锥形聚苯乙烯离心管，用医用离心机离心 5min 沉淀细胞。

5）弃尽上清液，重悬细胞于含 5μl *β*-葡萄糖苷酸酶（约 500U）的 0.2ml 的无菌水中。

6）在 30℃条件下摇床培养 1h。

7）加 0.1ml（约 0.15g）灭菌的 0.5mm 玻璃珠，在 30℃条件下摇床培养 1h。

8）加 1ml 无菌水。

9）振荡 1～2min，用光学显微镜检查子囊是否完全破裂。

10）加 4ml 无菌水。

11）用无菌水做 10^{-1}～10^{-3} 的系列稀释，涂 200μl 在含有 60μg/ml 刀豆氨酸的 SC-arg 平板上。

材料和溶液

生孢培养基

　　1%KOAc

　　0.025%葡萄糖

β-葡萄糖苷酸酶（Sigma G7770）

　　无菌 0.5mm 玻璃珠

含有 60μg/ml 刀豆氨酸的 SC-arg 平板

技术和方案 11　酵母活细胞染色

程序

A. DAPI 染核和线粒体 DNA

基于 Pringle 等 1989 年提出的方法。

安全须知

DAPI　可能致癌。吸入、吞入或经皮肤吸收是有害的，有刺激性。戴手套、面罩和护目镜操作，避免吸入粉尘。

1）用离心管离心收集约 10^7 个细胞（5s 一间歇），并重悬于 70%的乙醇中。
2）静置至少 5min，用水洗两次。
3）用小体积的 50ng/ml DAPI（4′，6-二脒基-2-苯基吲哚；Sigma D9542 或 Accurate Chemical and Scietific Corp.）悬浮细胞。配成 1mg/ml 浓度的水溶液，储存于 −20℃。
4）用紫外滤光片观察。

用甲醛固定的细胞也能在封固剂中用 DAPI 染色。浓度为 1μg/ml 的 DAPI 也可用于生长培养基上的活细胞染色，但背景细胞的染色会强于被固定的细胞。在培养基中加入 0.1%的 Triton X-100（Sigma）能改善染色效果。

B. 用 $DiOC_6$ 或 $DiIC_5$(3)染色观察线粒体

基于 Pringle 等 1989 年提出的方法。

细胞生长至约 10^7 个时，加入 $DiOC_6$（3，3′-二己基恶羰花青碘化物；Sigma D3652 或 Molecular Probes）至终浓度为 100ng/ml（1mg/ml 的乙醇储存液按 1∶10^4 稀释，储存液在 −20℃避光条件下能稳定保存数月），孵育 5～10min，用荧光过滤装置观察。

也可以用终浓度为 100ng/ml 的 $DiIC_5$（3）（1，1′-二戊基-3，3，3′，3′-四甲基靛羰花青碘化物；Molecular Probes）染色（由 2.5mg/ml 的储存液用无水乙醇稀释），孵育 5～10min 后用红色滤光装置观察。

注意：使用时 $DiOC_6$ 和 $DiIC_5$ 的浓度需要优化。例如，约 1μg/ml 的浓度时所有的膜都将被染上色。

C. 用 FM4-64 染色观察液泡和吞噬腔隙

基于 Vida 和 Emr 等 1996 年提出的方法

1）培养 5ml 酵母细胞到 2×10^7 个。

2）收集 1ml 细胞，重悬于 200μl YPD。
3）加入 2μl 8mmol/L FM4-64（Molecular Probes ＃T-3166；溶解 1mg 固体到 200μl 水中，配成 8mmol/L 的储存液），30℃避光孵育 30～60min。
4）收集细胞，并用 1ml YPD 洗一次。
5）重悬于 1ml YPD，30℃继续孵育 20～40min。
6）用红色滤光装置检测。

FM4-64 是一种亲脂性的苯乙烯基染料，被酵母通过吞噬途径吸收进入细胞。FM4-64 能选择性地染色到酸性腔隙的膜上，适用于在脉冲实验或内吞突变体中观察内吞途径。实际上，Tom Vida 已将该方法用于筛选内吞突变体。

D. Calcofluor 染色观察几丁质和芽痕

基于 Pringle 等 1989 年的方法。
1）细胞生长至约 10^7 个时，加入 Calcofluor（荧光增亮剂 28；Sigma F3397）至终浓度为 100μg/ml（1mg/ml 的储存液按 1∶10 稀释使用，储存液在－20℃避光能稳定储存数周）。
2）孵育 5min 或更长些，用水洗两次后在 DAPI 兼容滤光装置下观察。

材料和试剂

固定液

将 100mg 对苯二胺溶解于 10ml PBS 中，用 0.5mol/L 碳酸钠缓冲液（pH 9.0）调至pH 8.0，用甘油补充体积到 100ml。加入 DAPI 至终浓度为 50ng/ml。充分混匀后储存于－20℃。固定液放置过久，颜色将变为棕色。

参考文献

Pringle J.R., Preston R.A., Adams, A.E.M., Stearns T., Drubin D.G., Haarer B.K., and Jones E.W. 1989. Fluorescence microscopy methods for yeast. *Methods Cell Biol.* **31:** 357–435.
Rieder S.E., Banta L.M., Kohrer K., McCaffery J.M., and Emr S.D. 1996. Multilamellar endosome-like compartment accumulates in the yeast vps28 vacoular protein sorting mutant. *Mol. Biol. Cell.* **7:** 985–999.
Vida T.A. and Emr S.D.1995. A new vital stain for visualizing vacuolar membrane dynamics and endocytosis in yeast. *J. Cell Biol.* **128:** 779–792.

技术和方案12　酵母免疫荧光法

程序

该方法根据1989年Pringle等提出的方案改编。

安全须知

甲醛　有毒、可挥发并且是一种致癌物，它可以通过皮肤吸收，对眼睛、皮肤、黏膜和上呼吸道有刺激性，应避免吸入其蒸气。使用时需要戴手套、安全眼镜，始终保持在化学通风橱里操作，远离热源、火星和明火。

4，6-二脒基-2-二苯基吲哚（DAPI）能致癌。吸入、吞咽或皮肤吸收有害，也能引起炎症。勿吸入其粉尘或气体，戴好手套及防护镜在通风橱中操作。

固定液中的**苯二胺**有毒和潜在的致癌性。吸入、吞咽或皮肤吸收有害，戴好手套及防护镜在通风橱中操作。

细胞处理

1）用250ml YPD液体培养基在适当的温度培养细胞至密度为2×10^7个/ml。加17ml浓度为10%的甲醛至终浓度为4%；在细胞生长温度，振摇温育细胞10min。

2）2000r/min离心细胞3min，去上清后悬浮细胞在6ml固定缓冲液中（40mmol/L KPO_4 pH6.5、500μmol/L $MgCl_2$、10%甲醛4ml）在30℃孵化1h。

3）用不含甲醛的固定缓冲液（40mmol/L KPO_4 pH6.5、500μmol/L $MgCl_2$、补水至6ml）洗细胞，两次；用含1.2mol/L山梨醇的固定缓冲液洗一次细胞。洗时动作要轻柔。重悬细胞在0.5ml的山梨醇缓冲液中，此时，细胞能够在4℃保存过夜。

4）在37℃，用消解酶30μl处理细胞5～30min，用相差显微镜观察细胞，如果细胞为黑色且形状不规则，可能是处理过度；如果细胞明亮且有折光，可能处理的时间不够；如果细胞形态很好且呈深灰色，处理的程度正好。因为这一步是操作中最易变的，也是最重要的一步，我们建议做时间相关性曲线比较消解酶处理细胞和未处理细胞，来判断处理条件。

5）用山梨醇缓冲液洗细胞一次后，悬浮细胞在100～500μl的山梨醇缓冲液中。

注意：轻轻地摇动重悬细胞，置于冰上。

玻片制作

6）用20μl 1%的多聚赖氨酸（相对分子质量>400 000）包被特氟隆面载玻片的小室，室温温育10min。多聚赖氨酸溶液使用前要高速离心10min，以除去杂质和细小颗粒，不要使用管底的溶液。总之，所有的试剂使用前都要高速离心以去除杂质和不溶物。要在湿盒中温育玻片。

7）用 20μl 纯水洗 5 次玻片小室并风干，要保持清洁。

8）加 20μl 细胞悬液到小室中，室温温育 10min，每个样品平行做两份。吸去孔中的大部分液体，将玻片插入装有冰冷甲醇的小瓶中 6min，再插入另一个装有冰冷丙酮的小瓶中 30s，为了保证小瓶和溶液足够冷，使用前用干冰冷冻 2h 以上。要经常更换甲醇或丙酮，不能使用乙醇。

9）从丙酮中取出玻片，斜靠在平整、干净、温热的台架上，以便丙酮很好地蒸发而不形成晕圈。拿玻片应戴好手套，防止油污等污染玻片。

细胞染色

10）每小室加 20μl PBS（pH7.4、0.5%BSA、0.5%卵清白蛋白）封闭细胞。有时在封闭液中加 0.5%Tween-20 能提高抗体结合的专一性。要注意的是 Tween-20 会降低特氟隆的疏水性，样品有可能粘连。在湿盒中，室温温育 1h，也可以温育过夜。

11）细胞在用封闭液适当稀释的抗体溶液中温育。最好做系列稀释抗体的预实验。在室温温育 1h 或更长时间，有时需要过夜。长时间温育有利于结合力弱的抗体更好地结合抗原。

12）每孔用 20μl 的封闭液洗细胞，洗 5 次，每次 10min。

13）每孔加封闭液稀释的二抗溶液 20μl，于室温温育 1h。二抗的使用浓度可以通过预实验来决定。

14）按步骤 12 洗细胞，吸去大部分洗液，立即加入一小滴封片液，盖上盖玻片。用擦镜纸吸去玻片上多余的封片液，用指甲油封闭盖玻片的边缘。在观察以前，晾干的玻片可以保存在－20℃。玻片放在物镜下观察时，一定要彻底清除玻片上残存的封片液，以免损坏物镜。

材料和试剂

消解酶 100T

溶解消解酶在山梨醇磷酸缓冲液中，浓度为 10mg/ml。离心取上清转移到新管中，用液氮速冻，然后储存在－80℃。不要反复冻融。

聚合赖氨酸

用高相对分子质量的聚合赖氨酸（相对分子质量＞300 000）配成 1%的水溶液。分装成小份，液氮速冻后储存在－80℃。避免反复冻融。

4，6-二脒基-2-二苯基吲哚

配成 1mg/ml 的水溶液储存在－20℃。

固定液

溶 100mg 的 *p*-苯二胺在 10ml PBS 中，用 0.5mol/L 碳酸钠缓冲液调节 pH 至 8.0，加入甘油至 100ml 体积。加入 4，6-二脒基-2-二苯基吲哚至 50ng/ml，充分混合好，储存在－80℃，当固定液老化时，需重新配制。大多数抗体需要甲醇-丙酮混合液固定的步骤以促进抗原表位的识别。然而，某些情况下可以省略此步，但需要在封闭液中加

0.1%Triton-100 促进抗体溶液对细胞的渗透性。

参考文献

Pringle J.R., Preston R.A., Adams A.E.M., Stearns T., Drubin D.G., Haarer B.K., and Jones E.W. 1989. Fluorescence microscopy methods for yeast. *Methods Cell Biol.* **31:** 357–435.

技术和方案13　已固定细胞的肌动蛋白染色

鬼笔环肽专一性地结合F肌动蛋白，荧光标记的鬼笔环肽染细胞与肌动蛋白抗体的染色模式类似。

程序

安全须知

甲醛　有毒、可挥发并且是一种致癌物，它可以通过皮肤吸收，对眼睛、皮肤、黏膜和上呼吸道有刺激性，应避免吸入其蒸气。使用时需要戴手套、安全眼镜，始终保持在化学通风橱里操作，远离热源、火星和明火。

1）在500ml三角瓶中振荡培养25ml酵母菌至密度为2×10^7个/ml。
2）添加17ml 10%甲醛（EM电子显微级）到培养基中至终浓度4%，在酵母菌生长温度下固定细胞10min。
3）2000～3000r/min离心5min，收集细胞。
4）在6ml加了4ml 10%甲醛（EM级）的PBS溶液中室温固定细胞1h。
5）用10ml PBS洗细胞两次，重悬在500μl PBS中。
6）取180μl细胞悬液，添加20μl罗丹明鬼笔环肽或荧光素鬼笔环肽。避光温育1h，每融15min轻轻混合。
7）用1ml PBS洗细胞5次。
8）悬浮细胞在约200μl免疫荧光固定液中。放置于－20℃，染色细胞可以保存几个月。
9）观察细胞时，滴1μl细胞悬液在盖玻片下，通过毛细管作用细胞液能铺满玻片。确保玻片清洁。

试剂

PBS

8g NaCl（137mmol/L）

0.2g KCl（2.7mmol/L）

1.44g Na_2HPO_4（10.1mmol/L）

0.24g KH_2PO_4（1.77mmol/L）

溶于纯水中至总体积为1L，调pH至7.2，无菌过滤。

甲醛：Polysciences（10%EM级，目录号04018）

罗丹明-鬼笔环肽：按制造商的说明，溶于甲醇至6.6μmol/L，储存于－20℃。

固定液

溶 100mg 苯二胺在 10mlPBS 中，用 0.5mol/L 碳酸钠缓冲液调 pH 至 9.0，用甘油定容至 100ml，加 DAPI 至 50ng/ml，混合好，储存在－80℃。当固定液老化时，会变成深褐色且自发荧光，需重新配制。

技术和方案 14　PCR 介导基因破坏法

A. 一步法 PCR 破坏基因

程序

该操作使用尾部带有与目的基因同源 50 个核苷酸的引物对，使 PCR 产物能靶向性地插入某基因座。设计的引物一般来讲，通过一个选择性标记来替换酵母基因的可读框序列。每对引物末端都有一段特异序列可以用来从质粒模板扩增不同选择性标记，该方法由 Wach（1996），Longtine 等（1998）与 Goldstein 和 McCusker（1999）建立。同源区较短会降低基因替换的效率，然而，标记基因跟酵母基因不同源时，标记基因通常能正确插入目标座位；如果标记基因来自酵母基因组，PCR 产物通常会错误插入靶位或者基因组别的座位。基因敲除在二倍体酵母中进行，随后要分离孢子，用四分法以保证仅有一个标记基因正确插入目标座位，而在其他位置未发生突变。

1）反应混合物

10ng 质粒模板 DNA

5μl　10×*Taq* 聚合酶缓冲液

5μl　2mmol/L dNTP 混合物

5μl　5μmol/L 引物 1

5μl　5μmol/L 引物 2

0.5μl　10mg/ml BSA

1μl *Taq* 聚合酶

补水至 50μl

提示：如果要扩增 NAT 盒式结构，因其高的 GC 含量，反应必须补充 DMSO 至 10%。

2）PCR 循环条件

94℃ 4min；94℃ 1min、55℃ 1min、72℃ 1min/kb，25 个循环；72℃ 20min；4℃保存。

3）PCR 产物的纯化

用 50μl 1∶1 的酚∶氯仿抽提 PCR 产物，13 000r/min 离心 5min，转移上清到一只新的离心管中。加 5μl 3mol/L 的乙酸钠（pH 7.0）和 150μl 无水乙醇在－20 ℃沉淀 1h。13 000r/min 离心 10min，去除上清，烘干沉淀。溶 DNA 在 25μl（pH 8.0）TE 中，取 10μl DNA 按高效转化法转化酵母。（技术和方案 1，酵母的高效转化）

材料

通用引物序列

正向引物：5′-（基因专一性序列）-CGG ATC CCC GGG TTA ATT AA-3′

反向引物：5′-（基因专一性序列）-GAA TTC GAG CTC GTT TAA AC-3′

质粒模板

pFA6a-kanMX6　PCR 扩增大肠杆菌的 *kan*ʳ 基因，由 *TEF* 启动子和终止子控制产生 G418 抗性。

pFA6a-His3MX6　PCR 扩增酵母的 *his5*$^+$基因，由 *TEF* 启动子和终止子控制。

pAG25　PCR 扩增链霉菌的 *nat*ʳ 基因，由 *TEF* 启动子和终止子控制产生诺尔丝菌素抗性。

YPD 加 G418 筛选

用标准的 YPD 配方添加 200mg/L 有效浓度的 G418 二硫盐。G418 粉可以在倒平板时直接加入培养基中。因为表型滞后，必须让细胞恢复生长 4h 或过夜培养。

YPD 加 NAT

溶诺尔丝菌素在纯水中至 100mg/ml 的浓度并无菌过滤，储存在－80℃。倒平板前，添加 1ml 储存液到 1LYPD 培养基中。因为表型滞后，必须允许细胞恢复生长 4h 或过夜培养。

B. 双融合 PCR 法基因破坏

此方案由 Amberg 等（1995）发展。

在酿酒酵母中基因置换需要同源重组，长的同源序列可以极大地提高重组效率。通常，加尾序列短的引物不能提供精确有效的基因置换同源区。另外，如果标记基因在酵母基因组中存在，基因置换会发生在错误座位。通过提高破坏盒式结构末端同源区的长度，这一问题虽然不能消除，但能改善。这能够通过下面描述的双融合 PCR 操作来完成，该操作可以适当修改以适合前面提及的使用 F1 和 R1 引物的 kanMX 盒式结构及与 F1 和 R1 引物有序列互补的引物 2 和 3 的 PCR 操作（图 14.1）。

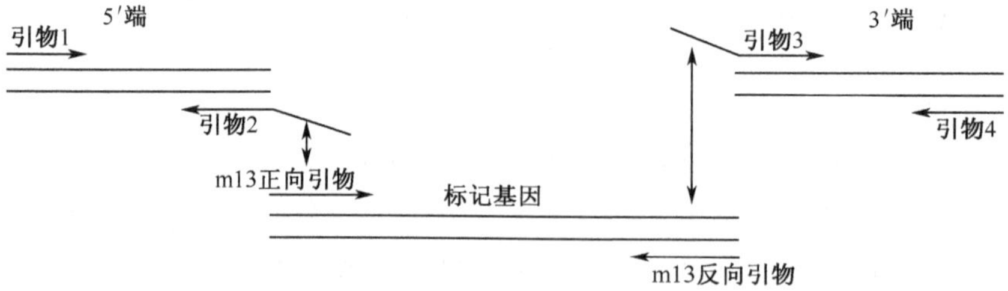

图 14.1　通过双融合 PCR 构建一个破坏盒式结构

程序

1) 在各 PCR 反应中，用至少 200 个碱基距离的引物对分别扩增感兴趣基因的上游和下游末端。引物 2 从 M13 正向引物互补的 24 个碱基处开始，引物 3 从 M13 反向引物互补 24 个碱基处开始。PCR 扩增标记基因用 M13 正反向引物。
   琼斯构建的载体对于标记基因的扩增是有用处的。PCR 条件如下：
   1～5μl 酵母基因组 DNA 或 10ng 质粒模板 DNA
   5μl 5μmol/L 引物 1、M13 正向引物和引物 3
   5μl 5μmol/L 引物 2、M13 反向引物和引物 4
   5μl 10×*Taq* 聚合酶缓冲液
   5μl 2μmol/L dNTP 混合物
   1μl *Taq* 聚合酶
   补水至 50μl 总体积
   PCR 循环条件
   94℃4min；94℃1min、55℃1min、72℃3min，25 个循环；72℃20min；4℃保存。
2) 低熔点琼脂糖胶纯化所有 PCR 扩增片段。
3) 在 65℃进行第一轮融合 PCR 融合 5′端片段和标记基因，PCR 体系如下
   2.5μl 片段 DNA
   5μl 5μmol/L 引物 1
   5μl 5μmol/L M13 反向
   5μl 10×*Taq* 聚合酶缓冲液
   5μl 2μmol/L dNTP 混合物
   1μl *Taq* 聚合酶
   补水至 50μl 总体积
   PCR 循环条件
   94℃4min；94℃1min、55℃1min、72℃3min，25 个循环；72℃20min；4℃保存。
4) 低熔点琼脂糖胶纯化第一轮融合 PCR 扩增片段。
5) 在 65℃进行第二轮融合 PCR，融合 3′端片段和第一轮融合 PCR 扩增片段，PCR 体系如下
   5μl 各 PCR 扩增 DNA 片段
   10μl 5μmol/L 引物 1
   10μl 5μmol/L 引物 4
   10μl 10×*Taq* 聚合酶缓冲液
   10μl 2μmol/L dNTP 混合物
   2μl *Taq* 聚合酶
   补水至 100μl 总体积
   PCR 循环条件
   94℃4min；94℃1min、55℃1min、72℃3min，25 个循环；72℃20min；4℃保存。

6）琼脂糖胶电泳检测 PCR 产物。用 1∶1 的酚∶氯仿抽提 PCR 产物，13 000r/min 离心 5min，转移上清到一只新的离心管中。加 10μl 3mol/L 的乙酸钠（pH 7.0）和 300μl 无水乙醇于－20℃沉淀 1h。13 000 转离心 10min，去除上清烘干沉淀。溶 DNA 在 25μl（pH8.0）TE 中，取 10μl DNA 按高效转化法转化酵母。（技术和方案 1，酵母的高效转化）

提示：琼脂糖胶电泳纯化通常能提高融合 PCR 的效率。最好用低熔点琼脂糖胶电泳纯化 PCR 产物，用胶块 2 倍体积的 TE（pH 8.0）抽提 DNA 后，用酚抽提两次，再用无水乙醇沉淀。

材料和溶液

10×*Taq* 聚合酶缓冲液

0.2mol/L Tris（pH8.3）

15mmol/L $MgCl_2$

0.25mol/L KCl

0.5%Tween-20

M13 正向引物：5′-CGC CAG GGT TTT CCC AGT CAC GAC-3′

M13 反向引物：5′-AGC GGA TAA CAA TTT CAC ACA GGA-3′

基因专一性引物 2：5′-GTC GTGACT GGG AAA ACC CTG GCG-3′（基因专一性引物）

基因专一性引物 3：5′-TCC TGT GTG AAA TTG TTA TCC GCT-3′（基因专一性引物）

质粒模板

pJJ215　带有克隆进 pUC18 多克隆位点的酿酒酵母的 *HIS3* 基因。

pJJ242　带有克隆进 pUC18 多克隆位点的酿酒酵母的 *URA3* 基因。

pJJ281　带有克隆进 pUC18 多克隆位点的酿酒酵母的 *TRP1* 基因。

pJJ282　带有克隆进 pUC18 多克隆位点的酿酒酵母的 *LEU2* 基因。

提示：所有这些标记基因有逆向克隆质粒

参考文献

Amberg D.C., Botstein D., and Beasley E.M. 1995. Precise gene disruption in *Saccharomyces cerevisiae* by double fusion polymerase chain reaction. *Yeast* **11:** 1275–1280.

Goldstein A.L. and McCusker J.H. 1999. Three dominant drug resistance cassettes for gene disruption in *Saccharomyces cerevisiae. Yeast* **15:** 1541–1553.

Jones J.S. and Prakash L. 1990. Yeast *Saccharomyces cerevisiae* selectable markers in pUC18 polylinkers. *Yeast* **6:** 363–366.

Longtine M.S., McKenzie III A., Demarini D.J., Shah N.G., Wach A., Brachat A., Philippsen P., and Pringle J.R. 1998. Additional modules for versatile and economical PCR-based gene deletion and modification in *Saccharomyces cerevisiae. Yeast* **14:** 953–961.

Wach A. 1996. PCR-Synthesis of marker cassettes with long flanking homology regions for gene disruptions in *S. cerevisiae. Yeast* **12:** 259–265.

技术和方案 15　酵母菌落 PCR

程序

1）加 1μl 消解酶 100T（10mg/ml）到 9μl 纯水中。重悬一个酵母菌落在此溶液中

2）加 40μl PCR 混合物到悬浮菌体中。

5μl 5mmol/L 基因专一的引物 1

5μl 5mmol/L 基因专一的引物 2

5μl 10×*Taq* 聚合酶缓冲液

5μl 2mmol/L dNTP

0.5μl 10mg/ml BSA

1μl *Taq* 聚合酶

18.5μl 水

3）PCR 循环条件

94℃4min

94℃1min
55℃1min
72℃1min/kb
（以上三步）35 个循环

72℃10min。

4）上样 10μl 琼脂糖胶电泳检测。

材料和溶液

10×*Taq* 聚合酶缓冲液

0.2mol/L Tris（pH8.3）

15mmol/L $MgCl_2$

0.25mol/L KCl

0.5%Tween-20

技术和方案16　分光光度法测酵母细胞密度

程序

1）从培养瓶中取1ml细胞培养物，置于微量离心管中。如果有必要，稀释细胞至OD_{660} <1。
2）超声细胞确保细胞计数准确，转移细胞到测量杯中。用细胞生长培养基作为空白对照，在测量样品前将吸光度调零。
3）测量每个样品的OD_{660}。
4）按照表16.1的方法计算单倍体细胞密度，二倍体细胞的密度是单倍体细胞密度的一半。

注意：在不同的菌株间，测量可能会有所改变。例如，一些分裂突变细胞非常大，相同的细胞密度下相对于野生型，能散射更多的光。表16.1是野生型菌株A364A的测量结果。分光光度计之间也有偏差。建议用血球计数器仔细测量细胞的密度，然后绘制所测菌株的OD_{660}标准曲线。

表 16.1　单倍体酵母（A364a）OD_{660} 细胞密度

OD_{660}	单倍体细胞 /$\times 10^7$ 个	OD_{660}	单倍体细胞 /$\times 10^7$ 个	OD_{660}	单倍体细胞 /$\times 10^7$ 个	OD_{660}	单倍体细胞 /$\times 10^7$ 个
0.000	0.000	0.500	0.700	1.000	1.850	1.500	4.480
0.010	0.015	0.510	0.717	1.010	1.890	1.510	4.550
0.020	0.025	0.520	0.733	1.020	1.926	1.520	4.625
0.030	0.040	0.530	0.750	1.030	1.963	1.530	4.700
0.040	0.053	0.540	0.766	1.040	2.000	1.540	4.775
0.050	0.065	0.550	0.783	1.050	2.040	1.550	4.850
0.060	0.078	0.560	0.800	1.060	2.080	1.560	4.925
0.070	0.090	0.570	0.817	1.070	2.120	1.570	5.000
0.080	0.103	0.580	0.833	1.080	2.163	1.580	5.075
0.090	0.115	0.590	0.850	1.090	2.206	1.590	5.150
0.100	0.128	0.600	0.866	1.100	2.250	1.600	5.225
0.110	0.140	0.610	0.883	1.110	2.296	1.610	5.300
0.120	0.153	0.620	0.900	1.120	2.343	1.620	5.380
0.130	0.165	0.630	0.917	1.130	2.390	1.630	5.460
0.140	0.178	0.640	0.933	1.140	2.433	1.640	5.540
0.150	0.190	0.650	0.950	1.150	2.476	1.650	5.630
0.160	0.204	0.660	0.966	1.160	2.520	1.660	5.700
0.170	0.216	0.670	0.983	1.170	2.566	1.670	5.800
0.180	0.229	0.680	1.000	1.180	2.613	1.680	5.890
0.190	0.241	0.690	1.023	1.190	2.660	1.690	5.980
0.200	0.255	0.700	1.046	1.200	2.706	1.700	6.070
0.210	0.268	0.710	1.070	1.210	2.753		
0.220	0.280	0.720	1.093	1.220	2.800		
0.230	0.293	0.730	1.116	1.230	2.850		
0.240	0.305	0.740	1.140	1.240	2.900		
0.250	0.319	0.750	1.160	1.250	2.950		
0.260	0.330	0.760	1.180	1.260	3.002		
0.270	0.342	0.770	1.200	1.270	3.055		
0.280	0.356	0.780	1.220	1.280	3.107		
0.290	0.370	0.790	1.240	1.290	3.160		
0.300	0.385	0.800	1.260	1.300	3.220		
0.310	0.399	0.810	1.283	1.310	3.280		
0.320	0.412	0.820	1.306	1.320	3.340		
0.330	0.426	0.830	1.330	1.330	3.400		
0.340	0.440	0.840	1.353	1.340	3.460		
0.350	0.455	0.850	1.376	1.350	3.520		
0.360	0.470	0.860	1.400	1.360	3.580		
0.370	0.484	0.870	1.430	1.370	3.640		
0.380	0.499	0.880	1.460	1.380	3.700		
0.390	0.514	0.890	1.490	1.390	3.760		
0.400	0.530	0.900	1.520	1.400	3.820		
0.410	0.547	0.910	1.550	1.410	3.880		
0.420	0.564	0.920	1.580	1.420	3.940		
0.430	0.580	0.930	1.610	1.430	4.000		
0.440	0.600	0.940	1.640	1.440	4.065		
0.450	0.617	0.950	1.670	1.450	4.130		
0.460	0.633	0.960	1.703	1.460	4.200		
0.470	0.650	0.970	1.736	1.470	4.270		
0.480	0.666	0.980	1.770	1.480	4.340		
0.490	0.683	0.990	1.810	1.490	4.410		

技术和方案 17　细胞同步化

有时需要生长同步化或者停滞在细胞周期的一个特定时点的酵母群体。获得同步化的方法之一，是使用在细胞分裂周期中停滞在特定时间点的温度敏感突变株；然而，这需要为各个实验构建特定的菌株，可选的方法是使用药物或抑制剂在细胞周期中阻滞细胞。

程序

α 因子

*MAT***a** 细胞由于应答十三肽配型激素 α 因子将停滞在细胞周期的开始。十三肽配型激素 α 因子（Sigma T6901）可买市售商品 1mg/ml 的 PBS 肽溶液在 －20℃ 储存。*MAT***a** 细胞产生一种蛋白酶 Bar1p 可以破坏 α 因子；因此，成功地使用 α 因子使细胞同步化需要判断 Bar1p 的活性。同步化的程度可以从细胞被 α 因子阻滞后的锥形形态判断。以下列出了三种方法。

细胞浓度稀释法

1）用 YPD 培养细胞密度至 10^7 个/ml。
2）离心收集细胞，用无菌水洗二次除去 Bar1p。
3）悬浮细胞在 YPD 中至细胞密度为 10^4 个/ml，添加 α 因子至 2mg/ml。
4）培养细胞至两代代时。
5）离心收集细胞，判断阻滞细胞的比例。

降低 pH 法

Bar1p 的活性是 pH 依赖的，在低 pH 能部分抑制。
1）用 YPD 培养细胞至密度为 10^7 个/ml。
2）离心收集细胞，用无菌水洗两次细胞除去 Bar1p。
3）悬浮细胞在 YPD 中至细胞密度为 10^6 个/ml，添加 α 因子至 2μg/ml。
4）培养细胞至两代代时。
5）判断阻滞细胞的比例。

使用 Bar1 突变菌株

1）用 YPD 培养细胞至密度为 10^7 个/ml。
2）添加 α 因子至 50ng/ml。
3）培养细胞至两代代时。
4）判断阻滞细胞的比例。

重新进入细胞周期

为了终止 α 因子诱导的阻滞，离心细胞用水洗两次。重悬细胞在含有 50μg/ml 孔酶的溶液中。

羟基脲

羟基脲是核糖苷还原酶的抑制物。细胞在抑制物存在时不能合成脱氧核糖核苷因而不能合成 DNA。用抑制剂处理细胞会使一群细胞阻滞在 S 期早期。抑制剂阻滞的细胞有大的芽、单个未分裂的核和短的有丝分裂纺锤体。抑制剂的效应容易逆转。

1）用 YPD 培养细胞至密度为 10^7 个/ml。
2）添加抑制剂至终浓度为 0.2mol/L。
3）生长细胞至两代代时。
4）判断阻滞细胞的比例。

重新进入细胞周期

为了终止抑制剂诱导的阻滞，离心细胞，用水洗两次。重悬细胞在适当的溶液中。Nocodazole 是微管装配的抑制剂，在抑制剂存在时，细胞不能有丝分裂。用抑制剂处理细胞会使一群细胞阻滞在 M 期。抑制剂阻滞的细胞有大的芽、单个未分裂的核、没有有丝分裂纺锤体。核不是定位在颈处，而是随机分布。抑制剂的效应容易逆转。

1）用 YPD 培养细胞至密度为 10^7 个/ml。
2）添加 10μl 溶于 DMSO 浓度为 1.5mg/ml 的储存液。
3）培养细胞至两代代时。
4）判断阻滞细胞的比例。

重新进入细胞周期

为了终止抑制剂诱导的阻滞，离心细胞，用水洗两次。重悬细胞在适当的溶液中。

平台期

细胞进入平台期，从而暂时退出细胞周期。平台期的细胞被稀释进新鲜培养基时，将重新慢慢地进入细胞周期。然而，同步化依赖前期的培养条件和菌株。在采用这种方法前要仔细地测试。

1）接种细胞在含棉籽糖不含葡萄糖的 YP 培养基中，至细胞密度大约为 10^4 个/ml。在 30℃，不断通气，300r/min 振荡培养 48h。为了优化通气，培养物体积要为培养瓶体积的 10%。
2）离心收集细胞，用 YPD 培养基重悬细胞至密度为 5×10^6 个/ml。为了优化通气，培养体积要为培养瓶体积的 10%。每 15min 取样判断同步化和有小芽阻滞细胞的比例。大约 80%的细胞在延迟 60～90min 后，在 15min 的间隔内会出芽。

技术和方案 18　染色质免疫沉淀

程序

1）培养要分析的细胞。每一个样品，需要在三角瓶中培养 50～100ml 细胞至 OD_{600} 大约为 1。

2）甲醛处理细胞交联蛋白质和 DNA。加甲醛到细胞中至终浓度为 1%（37%的甲醛按 1∶36 与细胞悬液混合），在室温维持 10～120min，期间颠倒几次。

注意：最佳的固定时间对不同的蛋白质是不同的，对于不同的分析要加以优化。

3）制备加有蛋白酶抑制剂的裂解/免疫沉淀缓冲液。使用 5～8ml 裂解/免疫沉淀缓冲液（用量根据需要而变化，详见程序 6 和 7）来收集每个染色质免疫沉淀样品。1ml 裂解/免疫沉淀缓冲液加 20μl 50 倍的蛋白酶抑制剂储存液。将缓冲液储存在冷室中。

注意：PMSF 最好使用时加入，因其在水相中不稳定，pH 8 时的半衰期约 35min。每毫升反应缓冲液中加入 20μl 50 倍浓度的蛋白质抑制剂储存液。

4）停止交联反应。加入 2.5mol/L 的甘氨酸至终浓度为 125mmol/L，室温温育样品 5min 停止交联反应。

5）用 TBS 洗细胞三次。转移样品到 GSA 瓶或 50ml 聚丙烯管中，收集并清洗细胞。用冰冷的 TBS 洗三次，前两次用 20ml TBS 洗，最后一次用少量洗。最后一次洗应该使用 50ml 管，尽可能去净 TBS 以便裂解。

6）加玻璃珠裂解细胞。

A. 重悬细胞在裂解/免疫沉淀缓冲液中。在 50ml 管中用 250μl 冰冷的裂解/免疫沉淀缓冲液重悬细胞。

B. 加玻璃珠（0.5mm）振荡细胞。加 3～6ml 玻璃珠至重悬细胞（细胞量为 1×10^9～2×10^9 个），用旋涡振荡器以最高速振荡细胞。在最初混合裂解物和玻璃珠之后，添加足够的玻璃珠在混合物中以达到混合物中含有将近 1ml 的干玻璃珠。这可能需要 1～2ml 的玻璃珠。在液体相对少的情况下，玻璃珠的研磨作用最好。振荡每个样品 6～8 次，每次 30s，或 4、5 次，每次 1min。最好在冷室中完成该步操作。如果在室温操作，最好间隔地把样品置于冰上冷冻。

注意：在显微镜下检测细胞是否有效裂解。如果裂解不完全，视需要重复振荡程序。

7）收集细胞粗裂解物。加 2～3ml 新鲜的裂解/免疫沉淀缓冲液，从玻璃珠子上洗净细胞粗裂解物。收集粗裂解物到一个 15ml 有盖的试管中。为了收集裂解物，使用 1ml 自动移液器，将移液管尖伸入管底吸取裂解物。反复吸几次，尽可能吸干净裂解物。由于玻璃珠的吸附作用，吸取的裂解物总体积会少于添加时的体积。不用担心吸走少量玻璃珠，在后面的步骤中残存的玻璃珠会被去除。

注意：在吸取样品或超声破碎时，不要交叉污染各裂解样品，因为此后的 PCR

扩增是很灵敏的。

8) 超声粗裂解物剪切染色质。用超声波处理上清 3 次，每次 12～15s，剪切样品中的染色质。使用 Branson 250 超声器，用最小的探头，功率设为 3，100%的有效循环。在超声间隙，至少在冰上冷冻样品 2min。超声后 DNA 的平均长度应为 500bp，分布在 100～1000bp。

注意： 超声波处理后检测 DNA 片段的大小以确定有小的 DNA 片段。为了降低交叉污染，在每个样品超声波处理后仔细地清洁超声探头。

9) 离心去除裂解物中的细胞碎片。在冷冻离心机中 5000r/min 离心几分钟，移去细胞碎片。转移上清到新的 15ml Corex 离心管中进一步于 4℃离心 5min 后，吸去位于 10.75000 处的细胞碎片，并将上清转移到新管中。重复离心 10min，再将上清转移到新管中。最终裂解物应该略呈乳白色。

注意： 在此步骤，可暂时将样品保存在－80℃。

10) 均化裂解物中的蛋白质的量。对每个裂解样进行总蛋白质定量。由于样品较浓，定量时需要作 10 倍的稀释。加裂解/免疫沉淀缓冲液调浓度，使每个样品的蛋白质浓度相同用于免疫沉淀。

11) 移去总的染色质样。从各个样品中移出 50μl 样，加 200μl 的 TE/1%SDS。这就是总的染色质样。样品含有剪切的基因组 DNA，用来判断免疫沉淀之前的 DNA 的量。不要用这些样品做免疫沉淀，但是应该对它们进行与免疫沉淀的样品同样的操作，为控制 PCR 提供内参 DNA。

12) 免疫沉淀选择的蛋白质。完成三步免疫沉淀，在每个免疫沉淀实验中使用细胞裂解液应该含有 30mg 总蛋白质。

预清除：裂解物跟血清孵化除去非专一性结合的抗原。如果可以得到，使用免疫前的血清。若不能得到就使用标准血清。

一抗：添加适当量的抗体到裂解物中，4℃温育一至几个小时。

无抗体免疫沉淀对照：对应每个一抗样品，做无抗体免疫沉淀对照。这个对照表明玻璃珠或其他因素对非专一性免疫沉淀的水平检测结果的影响。

二抗：添加 40μl 50%抗体 A（兔抗）或抗体 G（鼠抗）琼脂糖珠。4℃温育样品 1h。这是高亲和结合程序，延长时间不可能提高免疫沉淀效果。

13) 为免疫沉淀后清洗准备含有蛋白酶抑制剂的裂解缓冲液。在免疫沉淀后清洗的程序中，每个样品需要 2ml 裂解缓冲液和 1ml 裂解缓冲液/500mmol/L NaCl。

14) 洗涤免疫沉淀珠子。

A. 去除免疫沉淀上清。3000r/min 离心 1min 沉降珠子，去除上清。如有必要可以保存上清以备后面的分析。

B. 按以下程序洗免疫沉淀珠子。在每次清洗后，1000*g* 转速振荡珠子 1min（同步骤 13），用小枪头移除液体，避免吸到珠子。加 1ml 清洗溶液，室温洗 3～5min，重复 3 次。每次洗后，3000r/min 离心去除洗液。清洗步骤如下：

a. 用裂解液洗两次

b. 用裂解液/500mmol/L NaCl 洗一次

c. 用免疫沉淀洗脱液洗两次

d. 最后用 TE 洗一次

15）用 TES 洗脱免疫沉淀样（TE/1%SDS）

a. 加 110μl TES 在 65℃温育 15min，从抗体珠子上洗脱免疫共沉淀样。

b. 13 000r/min 离心，沉降珠子，将上清吸到一个新管子中。

c. 再用 150μl TE/0.67%SDS 混合液洗脱一次，上清与第一次的合并。

d. 离心上清，将清液转移到另一只新管子中，以去除残余的珠子。离心后，能合并上清 250μl，剩余约 10μl 与珠子一起残留在管底。

16）温育所有的样品逆转交联。在 68℃温育洗脱样和总的染色质样，逆转交联。

17）用蛋白酶 K 处理样品。

a. 加 TE 到样品中。交联逆转后，加 250μl TE 使总体积为 500μl。

b. 加糖原和蛋白酶 K 到各样品中。加糖原 DNA 担体和 100μg 蛋白酶 K。

c. 37℃温育样品至少 2h。

18）加氯化锂。加 55μl 4mol/L 的氯化锂到样品中。将使得 DNA 在步骤 22 中沉淀。

19）酚氯仿抽提样品。用酚氯仿抽提样品（酚∶氯仿∶异戊醇比例为 25∶24∶1）两次。

20）DNA 沉淀。

a. 加 1ml 无水乙醇到各样品中混合一下。将样品放入冰箱将有利于沉淀（一般放于－20℃或－70℃）至少 15min。

b. 12 000g 0℃离心 10min 沉降 DNA，但若 DNA 浓度过低，可适当延长离心时间。用 75%乙醇洗沉淀，离心去上清，空气干燥沉淀。

21）RNase 处理样品：重悬沉淀在 25～50μl 含 10μg RNase A 的 TE 中，37℃温育 1h。

22）PCR 分析各样品。使用专一性引物扩增靶 DNA。同时引入阴性对照。

安全须知

氯仿 有强挥发性，对皮肤、眼睛、黏膜和上呼吸道有强烈刺激，必须在通风橱中使用，应戴上手套和护目镜。氯仿致癌，并可损伤肝、肾。

甲醛 有毒、可挥发并且是一种致癌物，它可以通过皮肤吸收，对眼睛、皮肤、黏膜和上呼吸道有刺激性，应避免吸入其蒸气。使用时需要戴手套、安全眼镜，始终保持在化学通风橱里操作，远离热源、火星和明火。

乙酸异戊酯 是一种刺激物并且可燃，有可能通过吸入、摄取和皮肤吸收造成伤害。注意佩戴护目镜和适当手套，避免吸入蒸气，同时远离热源，火星和明火。

酚 有剧毒、高腐蚀性和可燃性，有可能通过吸入、摄取和皮肤吸收造成伤害。注意佩戴护目镜、适当手套和防护衣并始终在化学通风橱中操作。皮肤在接触酚后，应立即用大量的水冲和肥皂洗涤，不要使用乙醇清洗。

材料和试剂

酵母细胞密度（1×10^9～2×10^9 个/样品）

甲醛（37%）

2.5mol/L 甘氨酸水溶液

TBS（Tris-缓冲盐溶液）	1L 10×储存液：
20mmol/L Tris/HCl	200ml　1mol/L Tris/HCl（pH 7.6）
150mmol/L NaCl	300ml　5mol/L NaCl
	补水至 1L

注意：稀释至工作浓度并于 4℃保存，因为操作时一般使用冰冻的 TBS。

裂解/沉淀 缓冲液	500ml：
50mmol/L HEPES/KOH	25ml 1mol/L HEPES/KOH（pH 7.5）
140mmol/L NaCl	14ml 5mol/L NaCl
1mmol/L EDTA	1ml 500mmol/L EDTA
1%Triton X-100	50ml 10%Triton X-100
0.1%脱氧胆酸钠	0.5g 脱氧胆酸钠
	补水至 500ml

蛋白酶抑制剂	储存液：
1mmol/L PMSF	50mmol/L PMSF（异丙醇溶液）
1mmol/L 盐酸苯甲脒	50mmol/L 盐酸苯甲脒（水溶液）
1mg/ml 杆菌肽	50mg/ml 杆菌肽（水溶液）

将储存液分为小份（0.5～1ml）于－20℃保存，每毫升裂解/沉淀缓冲液需加入 20μl 蛋白酶抑制剂储存液。

裂解缓冲液/500mmol/L NaCl	250ml：
50mmol/L HEPES/KOH	12.5ml 1mol/L HEPES/KOH（pH 7.5）
500mmol/L NaCl	25ml 5mol/L NaCl
1mmol/L EDTA	0.5ml 500mmol/L EDTA（pH 7.5）
1%Triton X-100	25ml 10%Triton X-100
0.1%脱氧胆酸钠	0.25g 脱氧胆酸钠

注意：使用前每毫升加入 20μl 蛋白酶抑制剂储存液。

免疫共沉淀洗脱液	250ml：
10mmol/L Tris/HCl	2.5ml 1mol/L Tris/HCl（pH 8.0）
0.25mol/L LiCl	12.5ml 5mol/L LiCl
0.5%NP-40	6.25ml 20%NP-40
0.5%脱氧胆酸钠	1.25g 脱氧胆酸钠
1mmol/L EDTA	0.5ml 500mmol/L EDTA

TES（TE/1%SDS）	100ml：
50mmol/L Tris/HCl	5ml 1mol/L Tris/HCl（pH 8.0）
10mmol/L EDTA	2ml 500mmol/L EDTA

1%SDS	5ml 20%SDS 补水至 100ml
TE/0.67%SDS	100ml：
50mmol/L Tris/HCl	5ml 1mol/L Tris/HCl（pH 8.0）
10mmol/L EDTA	2ml 500mmol/L EDTA
0.67%SDS	3.35ml 20%SDS 补水至 100ml

TE（pH 8.0）

Branson 超声波粉碎仪 250 型

一抗

蛋白 A 或 G 交联琼脂糖珠

蛋白 A 交联葡聚糖珠缓冲液	50ml：
TE（pH 7.5）	47ml TE（pH 7.5）
0.1%BSA	2.5ml 2%BSA
0.1%叠氮钠	0.5ml 10%叠氮钠

糖原　10mg/ml（水溶液）

蛋白酶 K　20mg/ml（水溶液）

将储存液分为 110μl 的等份于－20℃保存。100μl 蛋白酶 K 溶液能够处理 20 份样品［步骤 16)］

4mol/L 氯化锂溶液

PCI（酚：氯仿：异戊醇＝25：24：1）

氯仿：异戊醇＝24：1

无水乙醇

75%乙醇/25%水

核酸酶 A

PCR 试剂

技术和方案 19　酵母 DNA 流式细胞记数

程序

1）生长和收集细胞。细胞生长至 5×10^6 个/ml，离心收集 10ml 样品，并用 5ml TE 缓冲液洗一次。再次离心收集并悬浮在 1.5ml 水中。
2）乙醇固定细胞。每份 1.5ml 样品中加入 3.5ml 无水乙醇，使乙醇的终浓度达 70%。在室温中放置 1h，如有必要，可在 4℃放置样品。
3）洗去乙醇并超声波处理分散细胞。离心收集细胞并用 5ml TE 缓冲液洗一次。超声波处理分散细胞（每次 5～10s，共 3 轮）
4）核酸酶处理细胞。Tris 缓冲液稀释核酸酶储存液至 1mg/ml（1×）。离心收集细胞，移去缓冲液并加入 2ml 1×核酸酶溶液重新悬浮。37℃振荡温育样品 1h，如有必要可 4℃过夜。核酸酶消化充分十分关键，这一步可以通过在荧光显微镜下观察细胞来检测。细胞核因染色会非常明亮，而细胞质除线粒体 DNA 之外不会被染色。
5）胃蛋白酶处理细胞。离心收集细胞并用新鲜配制的 1～2ml 胃蛋白酶溶液悬浮，室温温育样品 5min。
6）SYTOX Green 染细胞，方法见 Haase 和 Reed（2002）。配制 SYTOX Green 的 TE 缓冲液（pH 7.5），每 2.5ml 的 50mmol/L TE 缓冲液中加入 1μl SYTOX Green。每份样品加入 0.5ml 的 SYTOX Green 的 TE 缓冲液，使 SYTOX Green 终浓度为 1μmol/L。

材料和试剂

TE 缓冲液：

50 mmol/L Tris/HCl（pH7.5）

10×核酸酶溶液
10mg/ml 核酸酶
100mmol/L 乙酸钠

10×储存液：10ml
100mg 核酸酶
333μl 3mol/L 乙酸钠
9.7ml 水

注意：沸水煮核酸酶储存液 30～60min，－20℃保存。使用前，核酸酶用 TE 缓冲液稀释 10 倍。使用 RNase 1-A，5×结晶。

胃蛋白酶溶液

10ml：
50mg 胃蛋白酶
9.45ml 水
550μl 1mol/L HCl

先加水溶解胃蛋白酶，然后加入盐酸，使用前新鲜配制。

SYTOX Green

用 DMSO 溶解配制成 5mmol/L 溶液，－20℃避光保存。

染色缓冲液 1000ml：

50mmol/L Tris/HCl（pH 7.5） Tris 6.0g

调至 pH 7.5

参考文献

Haase S. and Reed S. 2002. Improved flow cytometric analysis of the budding yeast cell cycle. *Cell Cycle* **1:** 132–136.

技术和方案20　对数生长

研究人员经常希望能够操作处于各种生长时期的酵母细胞，收集处于对数生长期的细胞而非处于生长平台期的细胞就显得十分必要。酵母细胞在一段时间会对数生长，而处于平台期的细胞不会同步进入细胞周期，除非处于精密控制的生长状态。因此，有时候很难保证培养的细胞正常分布于细胞周期，常常有必要在前一天培养酵母，以保证在你使用时它们能够处于正确的生长时期。

群体细胞的对数生长可以用数学式来表示

$$N=N_0 e^{\ln 2(t/t_2)}$$

式中，N 代表某一时刻每毫升培养物中的细胞数；N_0 代表起始时刻每毫升培养物中的细胞数；t 代表培养时间；t_2 代表倍增时间。

野生型酵母细胞在 YPD 培养基中生长至平台期时，细胞密度可达到 2×10^8 个/ml，而在 SC 或 HC 培养基中生长至平台期细胞密度可达到 2×10^7 个/ml。

倍增时间在 23℃时大约是 2h，30℃时是 1.5h，36℃时是 1h。

【例】现在是下午 5 时整，想在明日上午 9 时开始实验，酵母细胞在 30℃培养，密度达到 1×10^7 个/ml。现有 5ml 在 YPD 中培养至饱和的酵母培养液，需要怎样稀释培养物使它在明日早晨达到合适的密度？

$N= 1\times10^7$

$t= 16\text{h}$

$t_2=1.5\text{h}$

$1\times10^7= N_0\ e^{\ln 2(16/1.5)}$

$1\times10^7=N_0\ e^{(0.69)(10.7)}$

$N_0=1\times10^7/1608$

计算得出 $N_0= 6218$，即所需的起始密度值是 6.2×10^3 个/ml。

稀释细胞的倍数是 $2\times10^8/6218= 3.2\times10^4$

因此，将饱和培养物稀释 3.2×10^4 倍可以使起始密度达 6.2×10^3 个/ml。对于 50ml（50 000μl）培养基，需要 1.6μl 的饱和培养物（50 000/32 000=1.6）。

技术和方案 21　EMS 诱变

程序

安全须知

EMS　是一种挥发性的有机溶剂，也是一种诱变剂和致癌物，通过吸入、吞食和皮肤吸收造成伤害。对含有 EMS 的容器，丢弃上清并用 50%的硫代硫酸钠溶液中和清洗，对所有接触过 EMS 的材料用大体积的 10%（m/V）硫代硫酸钠处理。操作时需小心谨慎。使用未稀释的 EMS 时，应戴手套并在化学通风橱中操作。EMS 应低温储存，不要用嘴吸移液管来取 EMS；吸取未稀释 EMS 的移液器不应过热，使用前将其放入冰箱中冷却以降低 EMS 的挥发。所有接触过 EMS 的容器在再生和丢弃之前应该浸在盛有 1mol/L NaOH 的大容器中。

1）培养酵母细胞过夜，使细胞密度达到 2×10^{8} 个/ml。

2）从同一培养物中转移两份 1ml 的样品至离心管中，5000g，离心 10s 收集细胞。

3）丢弃上清，用无菌蒸馏水悬浮细胞，再离心收集细胞。

4）重悬细胞在 1ml 的无菌 0.1mol/L 磷酸钠中。

5）用血球记数板测定细胞密度。

6）向其中一离心管中加入 30μl EMS 并剧烈振荡分散（另一管作为未诱变的对照）。两份样品在 30℃温育 1h，不时晃动。

7）离心收集细胞，弃上清至 EMS 废液收集瓶中。重悬细胞在 200μl 的 5%硫代硫酸钠溶液中，转移至新的离心管中并将使用过的离心管丢弃至 EMS 废液收集瓶中。

8）用 200μl 的 5%硫代硫酸钠溶液洗细胞两次（废液弃至 EMS 废液收集瓶中），重悬细胞在 1ml 的无菌水中。

9）细胞可以直接涂布平板，但在有些情况下让细胞在选择培养基上生长之前先生长一段时间十分重要，这样能使细胞内的野生型蛋白能够被已诱变的蛋白取代。如果菌落形成后，切记 EMS 诱变处理会导致产生一致的菌落。

注意：此方案会使大部分二倍体菌株 40%～70%的细胞死亡，但是对诱变剂的敏感性是随菌株不同而变化的。在诱变过程中存活的细胞相对于未诱变的对照细胞通常突变频率会增加 $10^{2}\sim10^{3}$（Lindegren et al. 1965），建议通过预实验校正 EMS 诱导的死亡率和突变频率。有一些简单的测试能够分析突变频率，也许最有效的方法就是分析 *CAN1* 基因的功能缺失。*CAN1* 基因功能缺失能使细胞对刀豆氨酸产生抗性（Whelan et al. 1979），因此可将 EMS 处理后和未处理的培养物涂布在含有刀豆氨酸的平板（附录 A）上，从而分析对刀豆氨酸抗性的细胞。另一种方法就是检测因特定基因的失活而产生抗放线酮的细胞（Kaufer et al. 1983）。放线酮抗性几乎都是由于 *CYH2* 基因的特异性颠换造成的，但是这种突变并不是全部因为诱变（如 EMS 诱变）所造成，因此这种方法并不普及。其他常用的分析诱变的方法是基于一个或多个基因的失活导致产生突变的表型，这包括产生对 5-FOA 的抗性（*URA3*，*URA5* 或其他可能涉及渗透性的基因；Boeke et al. 1986），能在以 α-氨基乙二酸为唯一氮源的培养基上生长（*LYS2* 或 *LYS5* 基因功能缺失；Chattoo et al. 1979）以及产生红色的菌落（*ADE1* 或 *ADE2* 基因功能缺失；Jones and Fink 1982）。

参考文献

Boeke J.D., LaCroute F., and Fink G.R. 1986. A positive selection for mutants lacking orotidine-5′-phosphate decarboxylase activity in yeast: 5′-fluoro-orotic acid resistance. *Mol. Gen. Genet.* **197:** 345–346.

Chattoo B.B., Sherman F., Azubalis D.A., Fjellstedt T.A., Mehnert D., and Ogur M. 1979. Selection of *lys2* mutants of the yeast *Saccharomyces cerevisiae* by the utilization of α-aminoadipate. *Genetics* **93:** 51–65.

Jones E.W. and Fink G.R. 1982. Regulation of amino acid and nucleotide biosynthesis in yeast. In *The molecular biology of the yeast* Saccharomyces: *Metabolism and gene expression* (ed. J.N. Strathern et al.). Cold Spring Harbor Laboratory, Cold Spring Harbor, New York.

Kaufer N.F., Fried H.M., Schwindinger W.F., Jasin M., and Warner J.R. 1983. Cycloheximide resistance in yeast: The gene and its protein. *Nucleic Acids Res.* **11:** 3123–3135.

Lindegren G., Hwang L.Y., Oshima Y., and Lindegren C. 1965. Genetical mutants induced by ethyl methanesulfonate in *Saccharomyces. Can. J. Genet. Cytol.* **7:** 491–499.

Whelan W.L., Gocke E., and Manney T.R. 1979. The *CAN1* locus of *Saccharomyces cerevisiae:* Fine-structure analysis and forward mutation rates. *Genetics* **91:** 35–51.

技术和方案 22　四分体解剖

程序

1）在平板上或液体培养基中形成孢子细胞。检查已形成孢子的培养物确定其已形成四分体，若四分体比例低于 5%，将难解剖。

2）配制新鲜的酵母消解酶 T100（zymolyase T100，用 1mol/L 的山梨醇配制成 0.05mg/ml，并于 4℃放置）。酵母消解酶中有 β-葡萄糖苷酸酶活性，它能打断子囊壁的化学键，从而更容易分开子囊孢子。葡萄糖酶（glucolase）可作为酵母消解酶的经济替代物（通常是将储存液稀释 10 倍使用），但总的说消化子囊壁效果不如酵母消解酶，会产生更多的子囊孢子原生质体。

3）若孢子是在液体培养基中形成（密度约 5×10^7 个/ml），在离心管中加入 500μl 的培养物 5000g 离心 10s，弃上清。轻柔悬浮细胞在 50μl 的酵母消解酶溶液中并在 30℃温育 30min。若孢子细胞是在平板上形成，用无菌的牙签的平端将细胞从平板转移至离心管中并加入 50μl 的酵母消解酶溶液，转动牙签使细胞悬浮并在 30℃培养。

4）将离心管置于冰上并轻柔加入 150μl 无菌水以终止酵母消解酶消化。对大多数菌株而言，冰上放置约 10min 即可，但有些菌株需要更长或更短的时间才能完全终止。对特殊的菌株，最佳终止时间会随孢子形成时间和生长条件而变化（例如，液体培养基与固体培养基培养的菌株孢子形成时间就不相同）。如果以前没有解剖过这种菌株，比较好的方法就是在 2～20min 内从消化物中每隔几分钟就取样在显微镜下观察确定理想的消化时间。

5）非常轻柔地用无菌接种环将 10μl 酵母消解酶处理的细胞在 YPD 平板上划线。或者，用吸头将细胞悬液滴在倾斜的平板上，让细胞悬液在平板表面流动，留下酵母消解酶处理细胞的条纹。不管哪一种方法，由于消解酶的处理，四分体完整性很容易被扰乱，操作时应非常小心。一般经酵母消解酶处理细胞的条纹应该穿过平板的顶端或中心。为了平板在显微操作仪下操作时方便，在条纹的上方或下方留出足够的空间用于被分离出的子囊孢子。

6）将滴有消化细胞液的 YPD 平板置于显微操作平台上。小心不要弄断显微针头，调整平台使物镜对准没有细胞的区域。将显微镜聚焦在平板表面并调整显微操作手使显微针出现在视野的中心。

7）移动平台使细胞出现在视野当中，寻找那些周围区域干净的四个子囊孢子的聚集体。先用显微针挑起四个孢子，将它们放置离画线处或条纹的 5mm 的位置，注意这时机械台的位置。然后再挑取 3 个孢子同时移动平台使其远离画线处 5mm；将 3 个孢子放下，再挑取 2 个孢子，继续向远离画线的方向移动 5mm；将两个孢子放下，在挑取 1 个孢子，继续移动平台 5mm，放下最后一个孢子。接着向左或向右移动平台 5mm，选择另外一个四孢子聚集体，和前面一样使分来的孢子间隔 5mm。通过这种方法，YPD 平板上画线或细胞条纹的每一边能够解剖 10 个四分体。最后从操作台上移走 YPD 平板，小心不要弄断显微针。

8）30℃下培养平板 2～3 天。

解剖要点

1）在大多数已形成孢子的培养物中还存在很多未形成孢子的细胞，小心挑取真正的四分体细胞而不是类似四分体的细胞团。孢子是圆形有轻微的折射，而未形成孢子的细胞不会很圆而且常常比孢子大。挑取细胞依次挨着的四细胞团，避免那些容易被分开的细胞团。即使是在酵母消解酶消化后，真正四分体孢子常常有中度的粘连。如果意外挑取了不止四个细胞，不要试图猜测哪一个属于四分体。

2）为了分开那些在解剖过程中不容易分开的孢子，可以将针置于琼脂的表面并将它的边缘背对孢子。用手指轻轻拍打平台的一边，这样会使针震动导致孢子分离。

3）如果孢子丢失或陷在琼脂中，先用记号笔将四分体的位置标出，然后再解剖下一个四分体。你可以转动物镜至一边，然后将有问题的四分体在平板上相应位置做上记号。

4）如果想要解剖的四分体与别的细胞挤在一起，以致不能将它们单独挑起，那么用针将四分体周围的细胞一一清开，形成一个干净的区域，并将针扎在无细胞的区域从而清除针上的细胞。最后将需要的四分体转移置干净的区域进行解剖。

5）用于解剖的平板必须平整、干净、厚度适中和干燥。某些品牌的琼脂有不少杂质，有一些看起来很像酵母孢子，Difco 是很少有杂质的细菌级琼脂供货商之一。因为解剖显微镜是通过琼脂观察细胞，薄的平板能够看到更高清晰度的细胞。对于大多数四分体解剖实验，用 25ml 培养基倒出的平板厚度适当。

如果平板过于湿润，针头上会形成小水滴，并且细胞也会置于其中。正因如此，很难从新鲜湿润的平板上挑取细胞。最好在实验开始之前在室温下放置平板两天或者在 37℃培养箱放置过夜。

技术和方案 23　制备四分体解剖针

各种型号的显微操作平台所附带的显微针在四分体解剖、分离合子以及操作单个细胞都十分有用。显微针可以从商业公司购买（www. tiac. net/users/cstyles/）。或者，将细的玻璃纤维粘在弯的玻璃毛细吸液管上，自己制作显微针，下面介绍两种方法：

方法一：显微针是用直径 2mm 的玻璃丝在酒精喷灯上拉出来的（Scott and Snow 1978）。针的具体直径要根据实验的具体要求，大直径（100μm）的针比较容易挑取和转移孢子，然而在操作细胞密度比较高的区域是小直径（25μm）的针会比较合适，一般而言直径 50μm 的针能满足大多数实验。在拉针时，将玻璃丝置于酒精喷灯的上方直

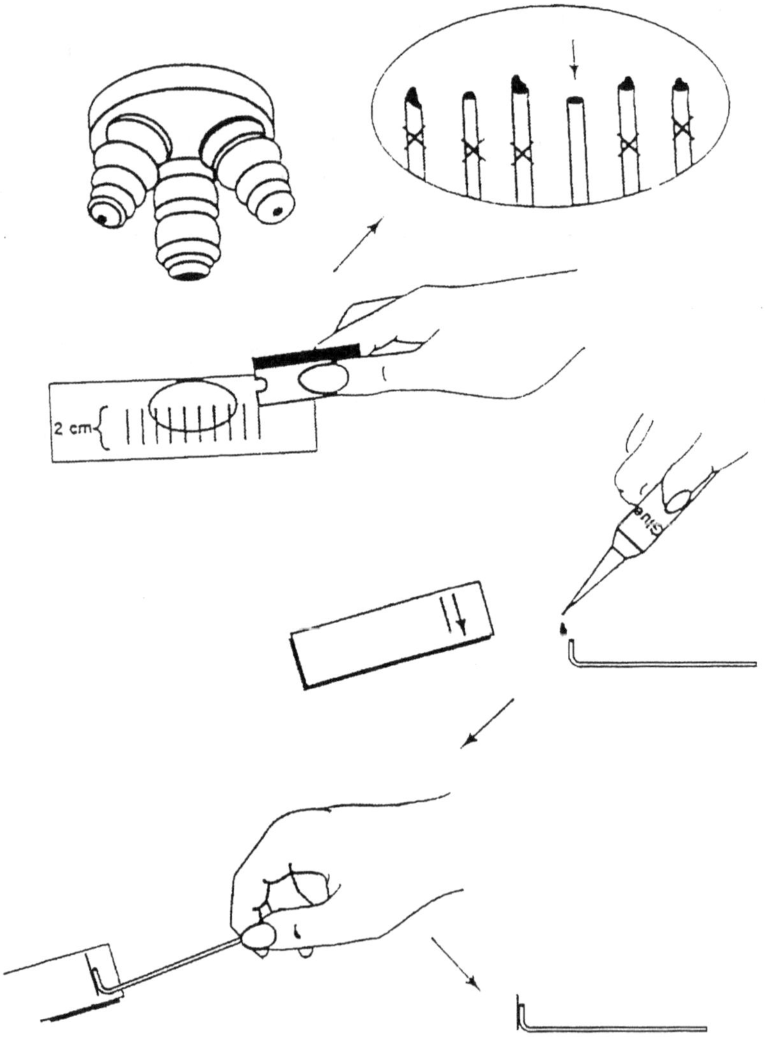

图 23.1　拉制玻璃解剖针

到玻璃棒发热呈橘红色，将玻璃丝拉成合适直径的纤维，然后移出火焰。拉出的玻璃纤维切成约 2cm 长的片段，并置于预先打湿的玻片上，然后用剃须刀片或玻璃盖玻片切成 1cm 的长度。理想的显微针应该有光滑平整的末端（图 23.1），可以用显微镜观察直径和末端是否合适。

纤维针的玻璃支持棒是用直径 2mm 玻璃制作的，100μl 玻璃毛细管正好适合。在距末端 1cm 处加热毛细管，当它变软时，向右弯成直角。在毛细管的末端滴一滴强力胶水，轻轻接触制作好的玻璃纤维，使玻璃纤维正好与毛细管支持棒的轴成直角，并且长度合适。显微针支持棒的长度应该适中，太短针头达不到平板表面。太长则容易扎入琼脂。当胶水干后，将显微针支持棒固定在显微操作平台上。

方法二：这种方法和第一种方法相同，区别在于不是自己制作针头，而是直接购买商品化的玻璃纤维。玻璃纤维剪成片段置于玻片上，然后用前面描述的方法制成末端光滑平整的显微针。和前面方法一样，显微针粘在支持棒上，然后固定在显微操作平台上。

参考文献

Scott K.E. and Snow R. 1978. A rapid method for making glass micromanipulator needles for use with microbial cells. *J. Gen. Appl. Microbiol.* **24:** 295–296.

技术和方案 24　挑 取 合 子

传统筛选合子的方法是将接合混合物涂布在选择平板上，二倍体细胞能生长，而单倍体细胞不能生长。合子的形态学特点使我们有可能从接合的单倍体细胞群体中将它识别出来，利用显微操作平台使我们很容易从未接合的细胞中分离合子。

如果单倍体细胞都是新鲜培养物，接合效果最好，一般从 30℃培养 1～2 天的平板上收集的细胞接合的效果都较好。非新鲜培养的细胞包括在 4℃放置几天的细胞也可以接合，但形成合子的时间会长于新鲜的培养物。

程序

1）用无菌的牙签分别挑取等量的 *MAT***a** 和 *MATα* 细胞（大小为 1～2mm）于 YPD 平板上，彼此毗邻，然后将它们混匀，形成约直径 5mm 的菌落。

2）在 30℃培养平板 3h。

3）用无菌牙签挑取接合混合物样品，在平板的表面画线。当平板用显微镜观察时，单个细胞就可以区分。

4）合子通过细胞间的融合，而单倍体细胞因为响应接合信息素而停止生长。合子会呈哑铃状，容易和大的出芽单倍体细胞混淆。中间出芽的合子会有独特的三叶形状，因而很容易从接合混合物中分辨出来。

5）用技术和方案 22 的方法，用显微针将合子分离至干净的区域。

6）在 30℃培养平板 1～2 天。

7）为了确定分出的细胞的确是二倍体细胞，将它们影印在选择平板上。如果两种单倍体细胞没有明确的遗传标记，用接合测试法则（实验二）来确定细胞是否发生接合，正确的接合型是 *MAT***a**/*MATα* 二倍体。

技术和方案 25　测定铺板效率

菌株的铺板效率是以培养基中可形成菌落的活力细胞的百分比衡量的（有时也称为克隆形成单位或 cfu）。测定铺板效率有以下两种简便的方法。

程序

间接法

1）测定培养物中的细胞密度，用 Coulter 计数仪测定培养物光密度或用血球计数板统计细胞个数。

2）确定要将细胞稀释至 10^3 个/ml 所需要的稀释系数。超声波处理细胞以便将菌块分散并按此稀释度将细胞稀释于蒸馏水中。

3）取 0.2ml 稀释液涂布于 YPD 平板上，在所需温度下培养数天，计数菌落数目。将菌落数除以 200 即得到铺板效率，以小数表示（如 100 个克隆的铺板效率是 0.5）。

直接法

1）取细胞密度为 10^6～10^7 个/ml 的培养物，超声波处理分散细胞。

2）涂布 0.2ml 细胞悬液于 YPD 平板上，待液体干燥。

3）在所需温度下培养 16～24h。

4）在四分体解剖显微镜下观察平板表面，有繁殖力的细胞将形成包含 50～100 个细胞的圆形微菌落，无繁殖力的细胞不会形成菌落但可形成由 1～10 个细胞组成的不规则集合。由此直接计算有繁殖力的细胞与无繁殖力的细胞数进而确定铺板效率。

技术和方案26　小量提取*E. coli* DNA

程序

1）将单菌落接种于3ml含有100μg/ml氨苄青霉素的Terrific broth培养基中，37℃培养过夜。
2）取1.5ml细胞悬液于微量离心管中，13 000r/min离心1min，弃去上清。
3）加入100μl溶液1［50mmol/L葡萄糖/10mmol/L EDTA/25mmol/L Tris（pH 8.0）］，用移液器吸头搅松菌块，使管底一侧的细胞脱落下来，用旋涡振荡器完全悬浮细胞。
4）加入200μl溶液2（0.2 mol/L NaOH/1%SDS），颠倒微量离心管4次混匀。冰浴5min。
5）加入150μl溶液3（3mol/L钾盐/5mol/L乙酸盐），上下轻摇管子4次混匀。冰浴5min。
6）13 000r/min离心5min。
7）将上清倒入一个装有500μl苯酚的离心管中，旋涡振荡器充分混合，13 000r/min离心5min。
8）取300μl上清移入一个洁净离心管，加入750μl 100%乙醇，振匀，室温放置2min。
9）13 000r/min离心5min沉淀DNA。倒去上清，倒扣于纸巾上约5min排干液体。
10）以50μl溶液4［TE（pH 8.0）+10μg/ml RNase A］悬浮DNA沉淀。

材料及溶液

Terrific broth

6g细菌培养用蛋白胨

12g酵母提取物

2ml甘油

450ml水

高压灭菌25min，冷却后加入50ml 0.17mol/L KH_2PO_4/0.72mol/L K_2HPO_4无菌溶液。

溶液1

228μl　40%葡萄糖

200μl　0.5 mol/L EDTA

250μl　1 mol/L Tris（pH 8.0）

加ddH_2O至总体积10ml

4℃保存

溶液 2

400μl 5 mol/L NaOH

1ml 10%SDS

8.6ml ddH_2O

室温保存

溶液 3

6ml 5 mol/L 乙酸钾溶液

11.5ml 冰乙酸

28.5ml ddH_2O

4℃保存

溶液 4

1ml TE（pH 8.0）[10mmol/L Tris（pH 8.0）/1mmol/L EDTA]

1μl 10mg/ml RNase A（沸水浴 10min）

技术和方案 27　*E. coli* 感受态的制备与转化

"Hanahan"方法程序

由 Hanahan 改良自 C. Davies and M. Tibbetts（1983）。

细胞制备

1）挑 10 个新鲜的 *E. coli* 单克隆接种入 1ml SOB 中，振荡器振匀。
2）将以上悬液接种入 200ml SOB＋12ml 5mol/L NaCl 中，置于 2L 宽底烧瓶中。
3）在 21～23℃（室温为宜），中等转速（275r/min）摇床上培养过夜。注意烧瓶要有良好的通风透气性（倍增时间为 2～3h）。
4）第 2 天，测定瓶中细胞密度，待其 OD_{550} 为 0.45～0.55。
5）冰上放置 5～10min 冷却细胞，注意细胞置于冰上可保存较长时间。
6）4℃下 3000～4000r/min 离心 10min 收集细胞。
7）加入 20ml 冰上预冷的 FCB，轻柔重悬细胞沉淀。
8）冰浴 15min。
9）边旋涡状搅动细胞悬液，边缓慢加入 700μl 新鲜解冻的无水 DMSO。
10）冰浴 10min。
11）如程序 9 再加入 700μl DMSO。
12）冰浴 15min。
13）将细胞分装入预冷的冷冻离心管（分装量为 0.5～1.0ml）。
14）以干冰/乙醇或液氮快速冷冻。
15）于－70℃保存细胞。

细胞转化

1）取一管上述制备的细胞，置冰上缓慢解冻。
2）每 100μl 细胞悬液中加入一份待转化 DNA。
3）冰浴 20min。
4）约 42℃下热激 90s。
5）冰浴 10min。
6）加入 1ml LB，37℃培养 30～60min。
7）①全部涂板或②4000r/min 下离心 4min，将 LB 弃去至剩余约 150μl，轻柔重悬细胞，涂布于相应抗性的 LB 平板上。

材料和溶液

SOB

20g	蛋白胨（2%）
5g	酵母提取物（0.5%）
0.58g	NaCl（10mmol/L）
0.186g	KCl（2.5mmol/L）

加水补至 1L

以 KOH 调节 pH 至 7.5（大约 2 滴）

高压灭菌，使用前加入：

10ml 1mol/L $MgCl_2$（10mmol/L）

20ml 1mol/L $MgSO_4$（20mmol/L）

FCB

9.8mg	乙酸钾（10mmol/L）
0.746g	KCl（100mmol/L）
0.891g	$MnCl_2 \cdot 4H_2O$（45mmol/L）
0.147g	$CaCl_2 \cdot 2H_2O$（10mmol/L）
80mg	氯化六氨合高钴（Ⅲ价）（3mmol/L）
10ml	甘油（10%）

补水至 100ml

过滤除菌，4℃保存。

注意：购买来的无水 DMSO 以 1.5ml/份分装，并立即于−80℃保存，待使用时取一份解冻。

"TSS" 方法程序

自 Chung C. T. 等（1989）

TSS 1×溶液（也可配成 2×）

10%（*m/V*）PEG 3350（也可使用 PEG 8000，但效率稍低）

5%DMSO（*V/V*）

20mmol/L Mg^{2+}（$MgCl_2$ 或 $MgSO_4$ 都可使用，两者转化效率相当）

pH 6.5（pH 须恰好或非常接近 6.5，需检查确认）

制备化学法感受态的方法程序（约 60 份×100μl/份）

以下是高效 TSS 的操作流程：

1）挑选一 *E. coli* 单克隆。

2）于 5ml LB 中 37℃培养过夜。

3）将 5ml 上述培养物加入 600ml 培养基中，生长至 OD_{595} 达 0.3～0.4。

4）冰上冷却 15min。
5）4℃离心收集 *E. coli* 细胞（如对于 SLA-600 离心机，需 6000r/min 离心 5min）。
6）倒去生长培养基，并吸净所有培养液。
7）以 6ml 1×TSS（冰上冷却）悬浮细胞。
8）以 100μl/份分装量转移至 1.5ml 离心管中（管子预先孵育于－20℃为佳）。
9）于干冰/MeOH 浴或液氮中迅速冷却。
10）－80℃保存。
11）测试并记录转化效率。

此方法必须使 *E. coli*（DH5α）的转化效率达到 1×10^7～5×10^7 个转化子/μg 质粒 DNA。

制备"较低"效率化学法感受态的程序（需要 2×TSS）

1）同上文培养 *E. coli* 步骤 1～3。
2）在 *E. coli* 生长达适当的 OD_{595}后，冰上冷却 15min。
3）菌液以 1∶1 与冰冷的 2×TSS 混合。
4）于干冰/MeOH 浴或液氮中迅速冷却。
5）－80℃保存。
6）测试并记录转化效率。

预期的转化效率为 1×10^6～5×10^6 个转化子/μg 质粒 DNA。TSS 的 *E. coli* 在－80℃下保存时转化效率可保持高水平，与此同时 $CaCl_2$ 化学法感受态细胞一直在－80℃下保存时转化效率会下降。

转化程序

1）在冰上解冻感受态细胞。
2）加入 DNA（100pg～10ng）。
3）混匀，冰上放 10min。
4）在室温下温育 10min。
5）4℃（冰上）温育 10min。
6）加入 1ml LB，37℃培养 1h。
7）细胞涂布于适当的选择性培养基平板上。

参考文献

Chung C.T., Niemela S.L., and Miller R.H. 1989. One-step preparation of competent *Escherichia coli:* Transformation and storage of bacterial cells in the same solution. *Proc. Natl. Acad. Sci.* **86:** 2172–2175.

Hanahan D. 1983. Studies on transformation of *Escherichia coli* with plasmids. *J. Mol. Biol.* **166:** 557–580.

技术和方案 28　系统缺失菌株的保存及操作

出芽酵母的遗传及基因组分析在过去的几年中取得了令人瞩目的成绩，产生了供公共使用的多个改进酵母菌株集，可用于多种研究。对这些可利用的缺失突变集，其基因组中的几乎每个基因，都通过一步基因置换法代入一 *kanMX4* 模块产生了缺失突变。为方便起见，将 *kanMX4* 模块插入数个 20bp 独特寡核苷酸序列间，序列作为独特标识，称为“条形码”。只要利用一系列可扩增 5′独特条形码（上游标签）及 3′独特条形码（下游标签）的引物，这些独特的条形码就可被分别扩增出。关于此缺失集构建的描述，可在酵母缺失联盟网网页中找到（http：//www-sequence. stanford. edu/group/yeast _ deletion _ project/deletions3. html）。在其他大的酵母菌株集中，每一可读框都被标识上谷胱甘肽转移酶（GST）、绿色荧光蛋白（GFP）或连续亲和纯化（TAP）表位。这些菌株可单个或一起购买，其商业卖主有 Open Biosystems 和 American Type Culture Collection（ATCC）。

缺失集具有相同的基因背景，同基因突变在 BY4741（*MAT***a**），BY4742（*MAT*α）及 BY4743（*MAT***a**/*MAT*α）中均可获得。非必需基因的缺失突变型可在单倍体及杂合二倍体中得到，如果预购买单一菌株，最好购买二倍体。必需基因的缺失突变型只可在杂合二倍体中取得。若待研究的是非必需基因缺失突变型，则必须分析四分体以获得需要的单倍体基因型，包括同基因的 BY4741 或 BY4742。菌株一旦获得，需立即冻存以便将来使用。缺失突变型常不利于生长，并且延长单倍体突变型的传代时间会产生回复突变，突变型通常为非整倍体。缺失突变型适合度的下降常常是隐性的，因此使用二倍体可将基因型改变的问题最小化，在减数分裂后复苏单倍体可减少单倍体传代的总时间。另外，我们推荐研究者测试任一突变型表型以确认分离到的突变型是正确的，因 G418 抗性检测并不充分（因所有的缺失突变都以此为标记）。我们建议使用 Ooi 等（2001）的提供的策略，即通过扩增条形码进行检测，扩增的“上游标签”及“下游标签”DNA 片段可被克隆及测序，条形码序列在 Ooi 等（2001）的“补充材料”中可找到。此操作可确定研究者使用了正确的突变型。

有时需要购买完整菌株集。例如，系统遗传分析（SGA）就需要整个缺失集。从 ATCC 邮购的菌株集分装于 74 块密封的 96 孔板中，并以 150μl 甘油冷冻保存。在从平板复苏菌株的过程中，最主要的问题是交叉污染，因此要格外小心避免此情况发生。平板于室温解冻，离心 1min 以除去封条上的液体，小心撕去封条，用无菌针（实验六，合成致死突变体）从原始板中转移菌株。以新封条（如辐射灭菌 Nalgene Nunc 96 孔封条，目录＃236366）将平板小心重新封好，用为微量滴定板设计的保存架，冻于 −70℃，建立一数据库以指示平板保存的位置。这些菌株可以每板 384 个克隆的格式接种到含 YPD＋G418 的一孔板上，如实验六中所示设 4 个指示孔：第一块平板使用孔 A，第二块平板使用孔 B，以此类推。接种后的平板于 30℃下培养 2 天。克隆阵列应转接入含 50μl YPD＋200μg/ml G418 的 384 孔微量滴定板中，30℃生长两天后，加入

25μl 45％的甘油，封好平板，使用为微量滴定板设计的保存架冻于－70℃，建立一数据库以指示平板保存的位置。在许可情况下，建议保存两套集在不同冰箱中，这样集合的完整性就可有两个内部核对方式。第一个是看原始的 96 孔微量滴定板，其中，某些孔无酵母菌株，可极好地指示交叉污染的程度。如果在本应空着的孔中无菌生长，则交叉污染最少。第二个是检测几大类突变型的表型。将 384 平板上的菌分别接入含固体 YPD，YPG 及 SD 的一孔板中，小菌落突变型不能在 YPG 上生长，营养缺陷型不能在 SD 上生长，如果所有适当表型的菌株都复苏了，则交叉污染最少。

参考文献

Ooi S.L., Shoemaker D.D., and Boeke J.D. 2001. A DNA microarray-based genetic screen for nonhomologous end-joining mutants in *Saccharomyces cerevisiae*. *Science* **294:** 2552–2556.

附录A 培养基

用2L三角烧瓶装1L培养基可制备30～40套平板。除非另有说明，所有培养基成分一起于121℃，103.35kPa，高压灭菌15min。对小量培养基长时间高压灭菌会导致琼脂脱水、葡萄糖焦化及平板软化。如果要制备大量培养基，则将盐、葡萄糖及琼脂单独灭菌较长时间。倒好的平板应在室温下放置晾干2～3天，将其放入密封塑料袋中可保存3个月以上。液体培养基不加琼脂（为方便起见，培养基中每种成分的终浓度如下）。

YPD（YEPD）

YPD是一种常用的复合培养基

细菌培养用酵母提取物（1%）	10g
细菌培养用蛋白胨（2%）	20g
葡萄糖（2%）	20g
细菌培养用琼脂（2%）	20g
蒸馏水	1000ml

YPG（YEPG或YEP-甘油）

YPG是一种复合培养基，含非发酵碳源（甘油），抑制ρ^-或*pet*突变株生长。

细菌培养用酵母抽提物（1%）	10g
细菌培养用蛋白胨（2%）	20g
甘油［3%（*V/V*）］	30ml
细菌培养用琼脂（2%）	20g
蒸馏水	970ml

YPAD（斜面培养基）

YPAD是一种用于制备斜面的复合培养基，其中，加入腺嘌呤以抑制*ade1*及*ade2*突变株的回复突变。

细菌培养用酵母提取物（1%）	10g
细菌培养用蛋白胨（2%）	20g
葡萄糖（2%）	20g
硫酸腺嘌呤（0.004%）	40mg
细菌培养用琼脂（2%）	20g
蒸馏水	1000ml

在沸水浴中溶解培养基，用自动移液器分别取 1.5ml 装入 1 打兰[①]的小瓶中。旋松瓶盖，高压灭菌。灭菌后，倾斜瓶架使琼脂恰好位于瓶颈之下以形成斜面，1～2 天后旋紧瓶盖。

合成右旋糖基本培养基（SD）

SD 是一种含有盐、微量元素、维生素、氮源（不含氨基酸的细菌用酵母氮碱）及葡萄糖的基本培养基。

不含氨基酸的细菌用酵母氮碱（0.67%）	6.7g
葡萄糖（2%）	20g
细菌培养用琼脂（2%）	20g
蒸馏水	1000ml

补充基本培养基（SMM）

SMM 是在 SD 中加入多种生长补充物的培养基。SMM 的具体组成在每个实验的“材料”部分有明确的规定。为方便起见，将母液 121℃高压灭菌 15min，此无菌母液能储存较长时间。这些母液一些需常温保存以避免出现沉淀，另一些则需冷藏。如有可能，使用氨基酸盐酸盐制备培养基是较好的选择。

制备培养基时，将适当体积的母液加入 SD 培养基成分中，加蒸馏水调整体积至 1L。苏氨酸及天冬氨酸溶液需在培养基灭菌后，单独加到培养基中。

制备培养基更方便的做法是将少量补充物溶液涂布到 SD 平板表面，在接种酵母菌株前，平板表面的溶液需完全干燥。

以下列出的是母液的浓度、1L 培养基中所需的母液体积、SMM 中各组分的终浓度以及涂布 SD 平板的母液体积。

组成成分	母液浓度/（g/100ml）	每升培养基中加入的母液量/ml	培养基中各组分终浓度/（mg/L）	涂布 SD 平板的母液体积/ml
硫酸腺嘌呤	0.2[a]	10	20	0.2
尿嘧啶	0.2[a]	10	20	0.2
L-色氨酸	1	2	20	0.1
L-盐酸组氨酸	1	2	20	0.1
L-盐酸精氨酸	1	2	20	0.1
L-甲硫氨酸	1	2	20	0.1
L-酪氨酸	0.2	15	30	0.2
L-亮氨酸	1	10	100	0.1
L-异亮氨酸	1	3	30	0.1
L-盐酸赖氨酸	1	3	30	0.1
L-苯丙氨酸	1[a]	5	50	0.1

① 1 打兰＝3.887g。

续表

组成成分	母液浓度/（g/100ml）	每升培养基中加入的母液量/ml	培养基中各组分终浓度/(mg/L)	涂布 SD 平板的母液体积/ml
L-谷氨酸	1[a]	10	100	0.2
L-天冬氨酸	1[a,b]	10	100	0.2
L-缬氨酸	3	5	150	0.1
L-苏氨酸	4[a,b]	5	200	0.1
L-丝氨酸	8	5	400	0.1

a 于室温下储存；b 在培养基高压灭菌后方加入。

合成完全培养基（SC）和省却（drop-out）培养基

为了测试菌株生长的必需营养成分，需用一类培养基（省却培养基），在此类培养基中，除了待测营养缺陷型的一种目标营养外，补充常规的每种辅源营养。干粉状生长补充物预混合后保存。

SC 培养基中的省却混合物含有所有可能的补充物（没有成分是“省却”的），是一种完全培养基。

不含氨基酸的细菌用酵母氮碱（0.67%）	6.7g
葡萄糖（2%）	20g
细菌培养用琼脂（2%）	20g
省却混合物（0.2%）	2g
蒸馏水	1000ml

省却混合物

省却混合物是下列成分减去适当补充物后的组合。其需通过加入两块干净的大理石，上下颠倒至少 15min 彻底混匀。

腺嘌呤	0.5g	亮氨酸	10.0g
丙氨酸	2.0g	赖氨酸	2.0g
精氨酸	2.0g	甲硫氨酸	2.0g
天冬酰胺	2.0g	对氨基苯甲酸	2.0g
天冬氨酸	2.0g	苯丙氨酸	2.0g
半胱氨酸	2.0g	脯氨酸	2.0g
谷氨酰胺	2.0g	丝氨酸	2.0g
谷氨酸	2.0g	苏氨酸	2.0g
甘氨酸	2.0g	色氨酸	2.0g
组氨酸	2.0g	酪氨酸	2.0g
肌醇	2.0g	尿嘧啶	2.0g
异亮氨酸	2.0g	缬氨酸	2.0g

Hartwell's 完全培养基（HC）

在 Lee Hartwell 实验室，HC 培养基用法与 SC 培养基相同，但它所使用的生长补充物组合不同，这种不同可让一些菌株长得更好。另外，在批量制备培养基时，使用以下介绍的一系列母液，优先制备成容易制备的 6 种最常用省却培养基，可获得非常好的重复性结果。各种母液成分如下。

10×HC（省却 6 种氨基酸的液体）：

甲硫氨酸	0.8g
色氨酸	2.4g
异亮氨酸	3.2g
苯丙氨酸	2.0g
谷氨酸	4.0g
苏氨酸	8.0g
天冬氨酸	4.0g
缬氨酸	6.0g
丝氨酸	16.0g
精氨酸	0.8g

终体积为 4L，高压灭菌

10×YNB：

酵母氮碱（去氨基酸及去硫酸铵）	58g
硫酸铵	200g

终体积为 4L，高压灭菌

氨基酸溶液（注：此非 10×的溶液，具体见下）

每种溶液高压灭菌，色氨酸需保存于棕色瓶中。

尿嘧啶	1g/L
腺嘌呤	1g/L
赖氨酸	10g/L
色氨酸	10g/L
亮氨酸	20g/L
组氨酸	10g/L

Hartwell 完全平板培养基配方

在 619ml 蒸馏水中加入 20g 琼脂，置于 2L 烧瓶中高压灭菌 20min，再加入以下成分：

20％葡萄糖（无菌）	100ml
10×YNB 溶液	100ml
10×HC 省却 6 种氨基酸的溶液	100ml
尿嘧啶溶液	35ml

腺嘌呤溶液	20ml
赖氨酸溶液	12ml
苯丙氨酸溶液	8ml
亮氨酸溶液	4ml
组氨酸溶液	2ml

MAL 指示培养基

MAL 指示培养基是一种用于鉴别菌株是否能发酵麦芽糖的指示培养基。由于 pH 的改变，发酵的麦芽糖的菌株将改变指示剂使其呈黄色。

细菌培养用酵母提取物（1%）	10g
细菌培养用蛋白胨（2%）	20g
麦芽糖（2%）	20g
溴甲酚紫溶液（0.4%母液）	9ml
细菌培养用琼脂（2%）	20g
蒸馏水	1000ml

0.4%溴甲酚紫溶液：

溴甲酚紫	200mg
无水乙醇	50ml

GAL 指示培养基

GAL 指示培养基用于评估菌株发酵半乳糖的能力。

细菌培养用酵母提取物（1%）	10g
蛋白胨（2%）	20g
细菌培养用琼脂（2%）	20g
溴甲酚蓝溶液（4mg/ml 母液）	20ml
蒸馏水	880ml

高压灭菌后，加入 100ml 过滤除菌（0.2μm 孔径的滤膜）的 20%半乳糖溶液。

溴甲酚蓝溶液：

溴甲酚蓝	400mg
蒸馏水	100ml

酵母 X-GAL 指示平板

5-溴-4-氯-3-吲哚-β-半乳糖苷酶（X-gal）在通常的酸性 pH 的 SD 培养基上对酵母不起作用，因此要使用中性 pH 的培养基。很明显，许多酵母菌株在这种替换 pH 条件下不能很好地生长，但作为初步评估 β-半乳糖苷酶的表达，这种培养基是一种有价值的尝试。以下是 1L X-gal 指示平板的配方。

溶液Ⅰ：

混合液：

10×磷酸缓冲液母液	100ml
1000×无机盐母液	1ml
省却混合物	2g

如果培养基含葡萄糖，以蒸馏水定容到450ml；若含半乳糖，定容到400ml。

溶液Ⅱ：

在2L三角烧瓶中混合：

细菌培养用琼脂	20g
蒸馏水	500ml

分别对以上溶液灭菌。当冷却至65℃以下时，将下列成分加入溶液Ⅰ中：

葡萄糖或其他糖至终浓度为2%	
X-gal（20mg/ml，溶解于二甲基甲酰胺中）	2ml
100×维生素母液	10ml
其他对热敏感的补充成分	

混合上述溶液，每平板约铺30ml。

10×磷酸缓冲液母液：

KH_2PO_4（1mol/L）	136.1g
$(NH_4)_2SO_4$（0.15mol/L）	19.8g
KOH（0.75mol/L）	42.1g
蒸馏水	1000ml

调pH至7.0，高压灭菌。

安全须知

固体KOH及KOH/甲醇 有剧毒，服用可致死。其经口、鼻、皮肤接触吸收均会对身体造成伤害。KOH溶液有腐蚀性，可造成严重烧伤。在操作时要格外小心，戴上手套和面罩。

1000×无机盐母液：

$FeCl_3$（2mmol/L）	32mg
$MgSO_4\cdot 7H_2O$（0.8mol/L）	19.72g
蒸馏水	100ml

灭菌后保存。此溶液会形成黄色微粒沉淀，在使用前需重新悬浮。

100×维生素母液：

硫胺素（0.04mg/ml）	4mg
生物素（2μg/ml）	0.2mg
吡哆醇（0.04mg/ml）	4mg
肌醇（0.2mg/ml）	20mg
泛酸（0.04mg/ml）	4mg
蒸馏水	100ml

用 0.2μm 孔径的滤膜过滤除菌

滤膜裂解酵母细胞 X-Gal 平板培养基

这种平板用来检测已被裂解并被固定于 3MM 滤膜上的细胞中 β-半乳糖苷酶的活性。

细菌培养用琼脂	20g
1mmol/L Na_2HPO_4	57.7ml
1mmol/L NaH_2PO_4	42.3ml
$MgSO_4$	0.25g
蒸馏水	900ml

灭菌后，加入 6ml X-Gal 溶液（20mg/ml 溶于 *N*，*N*-二甲基酰胺）。

产孢培养基

在此培养基上，菌株将经几次分裂，培养基 3～5 天后产生孢子。

乙酸钾（1%）	10g
细菌培养用酵母提取物（0.1%）	1g
葡萄糖（0.05%）	0.5g
细菌培养用琼脂（2%）	20g
蒸馏水	1000ml

在此产孢培养基上，营养缺陷型二倍体的孢子形成需加入营养补充物，补充物用量是 SMM 平板培养基用量的 25%，且补充物必须在配制培养基时加入。此外，补充物也可按 SMM 平板列出的体积涂布于产孢平板表面，接种酵母菌株前，平板表面的液体须充分干燥。

基本产孢培养基

在此培养基上，*MAT***a**/*MAT*α 二倍体细胞不经营养生长即可在 18～24h 后产孢。

乙酸钾（1%）	10g
细菌培养用琼脂（2%）	20g
蒸馏水	1000ml

在此产孢培养基上，营养缺陷型二倍体的孢子形成需加入营养补充物，补充物用量是 SMM 平板培养基用量的 25%，且补充物必须在配制培养基时加入。此外，补充物也可按 SMM 平板列出的体积涂布于产孢平板表面，接种酵母菌株前，平板表面的液体须充分干燥。

低 pH 蓝色平板

此平板用于检测放毒（酵母）的表型。

细菌培养用酵母提取物（1%）	6g
细菌用蛋白胨（2%）	12g
葡萄糖（2%）	12g
细菌培养用琼脂（2%）	12g
蒸馏水	533ml
将上述成分灭菌后加入以下溶液：	
亚甲蓝无菌水溶液	5ml
磷酸-柠檬酸缓冲液（无菌）	67ml

亚甲蓝无菌水溶液：

亚甲蓝	20mg
无菌水	5ml

低 pH 培养基的磷酸-柠檬酸缓冲液：

柠檬酸	14.07g
K_2HPO_4	18.96g
蒸馏水	67ml

用固体 K_2HPO_4 或柠檬酸调节 pH 至 4.5，高压灭菌。

药物选择性培养基

5-氟-乳清酸培养基

5-氟-乳清酸（5-FOA）用于筛选那些不能利用乳清酸作为合成嘧啶环原料的突变细胞。野生型细胞将 5-FOA 转化为 5-氟-乳清酸核苷单磷酸，是通过结合磷酸核糖焦磷酸（PRPP），随后脱羧形成 5-氟-尿苷单磷酸（5-FUMP）来实现的。这两步分别由酵母基因 *URA5* 及 *URA3* 的基因产物所催化。显然，后来形成的氟脱氧尿苷，是一种脱氧胸腺嘧啶核酸合成酶（thymidylate synthetase）的强烈抑制剂，具相当细胞毒性。这两个尿苷从头合成途径中的步骤，为 5-FOA 转化为 5-FUMP 所必需，而且能被突变从而阻止 5-FOA 或乳清酸的利用，但此时只要提供尿嘧啶，就可通过补救途径合成 UMP。因此，*ura3*⁻ 及 *ura5*⁻ 突变型可在含有 5-FOA 的培养基上生长（Boeke et al. 1984）。在实际应用中，只有 *ura3*⁻ 突变型表现出尿嘧啶营养缺陷，因催化尿嘧啶结合 PRPP 的酶可利用乳清酸作为底物，在一定底物水平下使 *ura5*⁻ 突变型在缺少尿嘧啶的条件下缓慢生长。

细菌用酵母氮碱（0.67%）	6.7g
省却尿嘧啶的混合物（0.2%）	2g
葡萄糖（2%）	20g
尿嘧啶（50μg/ml）	50mg
5-FOA（0.1%）	1g
蒸馏水	500ml

将上述成分溶解，用 0.2μm 的滤膜过滤除菌。

将琼脂单独灭菌

细菌用琼脂（2%）	20g
蒸馏水	500ml

待琼脂冷却至约 80℃，混合上述两种溶液，倒板，每平板铺 25ml。

含 5-FOA 的 HC 培养基

按前述制备 1L HC 平板培养基，当三角烧瓶冷却到 50℃时，加入 1.0g 5-FOA。

α-氨基乙二酸盐平板培养基

野生酵母菌株不能利用高水平的 α-氨基乙二酸盐（αAA）作为唯一氮源，因其可通过正常的赖氨酸合成代谢途径将 αAA 转化为有毒中间产物（Chattoo et al. 1979；Zaret and Sherman 1985）。因此，该培养基常用于 *LYS2* 及 *LYS5* 基因的突变筛选。

去氨基酸或硫酸铵的细菌培养用酵母氮碱（0.16%）	1.6g
葡萄糖（2%）	20g
赖氨酸（30mg/L）	30mg
细菌培养用琼脂（2%）	20g
蒸馏水	960ml

高压灭菌后加入 40ml 的 5%αAA 溶液。

5%αAA

α-氨基乙二酸	2g
蒸馏水	40ml

混合并以 10mol/L KOH 溶液调节至 pH 6.0 使其溶解。在将其加入高压灭菌的培养基之前，用 0.2μm 的滤膜过滤除菌。

安全须知

放线菌酮　若被吸入、摄取或经皮肤吸收均可能致命，因此在操作时要戴上手套和安全眼镜并在化学通风橱中进行。

放线菌酮

放线菌酮抗性由许多不同基因产生，而高水平的抗性通常由编码 L29 核糖体亚基的 *cyh2* 基因座发生突变产生。菌株对放线菌酮的抗性一般是隐性的，大概是因为敏感的核糖体保持与 mRNA 结合，阻止肽链的进一步延伸。

放线菌酮可用于 YPD 或合成培养基，用于 YPD 的终浓度为 10ml/L，用于 SD、SC 及 YPG 的终浓度为 3mg/L。制备母液时，将 100mg 放线菌酮溶于 10ml 蒸馏水，过滤除菌（0.2μm 的滤膜），在 4℃下保存。培养基高压灭菌后再加入适量母液。

刀豆氨酸

刀豆氨酸是精氨酸的类似物。两者都通过 *CAN1* 基因座编码的高亲和通透酶被输入细胞。高水平的刀豆氨酸抗性，专一地由此基因座突变产生；但低水平的抗性可由其他许多基因座突变产生。

因为刀豆氨酸是一种竞争性抑制剂，所以培养基中必须排除精氨酸，以便测试药物敏感性。同时，刀豆氨酸抗性评估必须在诸如 SD 或 SC 培养基提供的高氮条件下进行，因为此时 *CAN1* 通透酶成为精氨酸及刀豆氨酸进入细胞的唯一途径。在低氮条件下——如由 YPD 培养基提供的有效氮条件下——通用氨基酸通透酶（*GAP*）系统被诱导，精氨酸及刀豆氨酸也能由这条途径被摄取。另外，$Can^R Arg^-$ 营养缺陷型菌株在 YPD 上可存活，而在合成培养基上不能存活，就因为其不能摄取精氨酸。

刀豆氨酸磺酸盐常用蒸馏水制成 20mg/ml 的母液，以 0.2μm 的滤膜过滤除菌，保存于 4℃。其加入灭菌好的 SD 或 SC-arg 培养基中，常以 60mg/L 的浓度评估和筛选刀豆氨酸抗性。

参考文献

Boeke J.D., LaCroute F., and Fink G.R. 1984. A positive selection for mutants lacking orotidine-5′-phosphate decarboxylase activity in yeast: 5-Fluoro-orotic acid resistance. *Mol. Gen. Genet.* **197:** 345–346.

Chattoo B.B., Sherman F., Azubalis D.A., Fjellstedt T.A., Mehnert D., and Ogur M. 1979. Selection of *lys*2 mutants of the yeast *Saccharomyces cerevisiae* by the utilization of α-aminoadipate. *Genetics* **93:** 51–65.

Zaret K.S. and Sherman F. 1985. α-Aminoadipate as a primary nitrogen source for *Saccharomyces cerevisiae* mutants. *J. Bacteriol.* **162:** 579–583.

附录B　菌株保存

酵母菌株可在25％（V/V）的甘油中置－60℃或更低温度下永久保存（Well and Stewart 1973），若保存温度在－55℃以上则酵母菌易死亡。大多研究者用含有1ml 25％（V/V）无菌甘油的2ml小瓶（35mm×12mm）保存菌株。使酵母菌株生长在YPD平板表面，用无菌棒或牙签将菌刮下并悬浮于甘油溶液中，盖紧盖子振荡均匀后冻存。将少量冷冻样品转移到YPD平板上培养，酵母即可复苏生长。

在YPAD斜面上培养酵母菌株，可在4℃下保存6个月。这种方法十分方便，因为斜面占用空间很小，不会干燥，并含有充足的腺嘌呤，以防止一些 ade^- 突变所产生的红色素引起的毒性。此外斜面保藏还十分利于邮寄。

参考文献

Well A.M. and Stewart G.G. 1973. Storage of brewing yeasts by liquid nitrogen refrigeration. *Appl. Microbiol.* **26:** 577.

附录 C　酵母遗传图谱和物理图谱

在接下来的附图中，描述了酿酒酵母 16 条染色体的遗传图谱和物理图谱以及它们的相互关系。文中以图解的方式将 16 条染色体的物理图谱（左图，以 kb 为单位）与遗传图谱（右图，以 cM 为单位）进行了平行比较。这些图中的信息可在酿酒酵母基因组数据库（*Saccharomyces* Genome Database，SGD）http：//www. pathway. yeastgenome. org/中找到。物理图谱上的阴影部分表示可读框（ORF）。Watson 链（左端粒是此链的 5′端）上的 ORF 以浅灰色阴影表示；Crick 链上的 ORF 以深灰色阴影表示。只要是被标明的区域，都给出了基因的名称。遗传学图谱的建立是基于 1991 年 SGD 项目及更早的数据。位于遗传图谱线右边的水平记号标明了基因的位置，遗传图谱上的基因与其物理图谱上相应的 ORF 之间用线连接起来，对基因已知的同义名只列出单个名字［经 Cherry et al. 1997（© Macmillan Magazines Ltd.）同意重版］。

参考文献

Cherry J.M., Ball C., Weng S., Juvik G., Schmidt R., Adler C., Dunn B., Dwight S., Riles L., Mortimer R.K., and Botstein D. 1997. Genetic and physical maps of *Saccharomyces cerevisiae*. *Nature* (suppl.) **387**: 67–73.

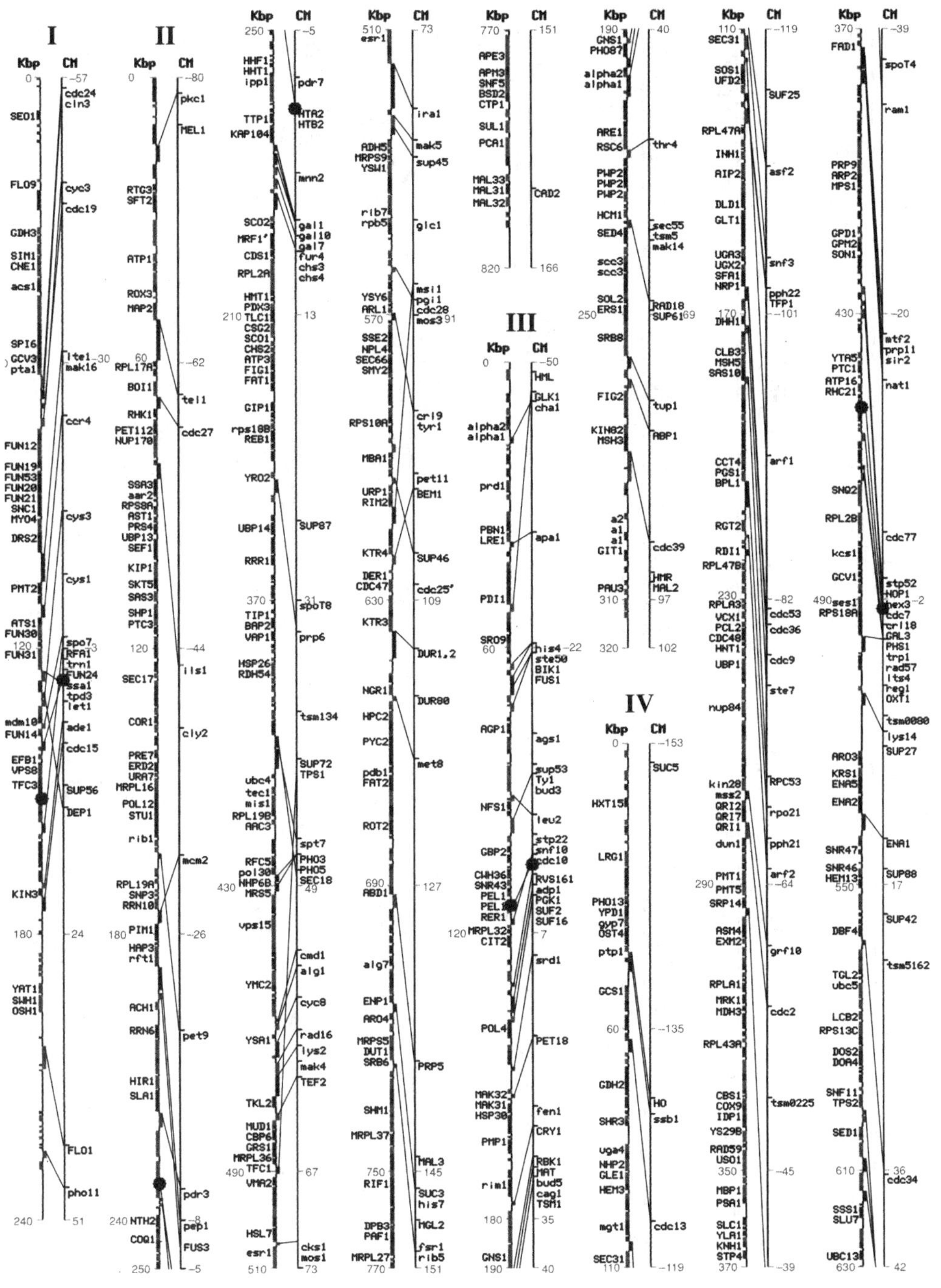

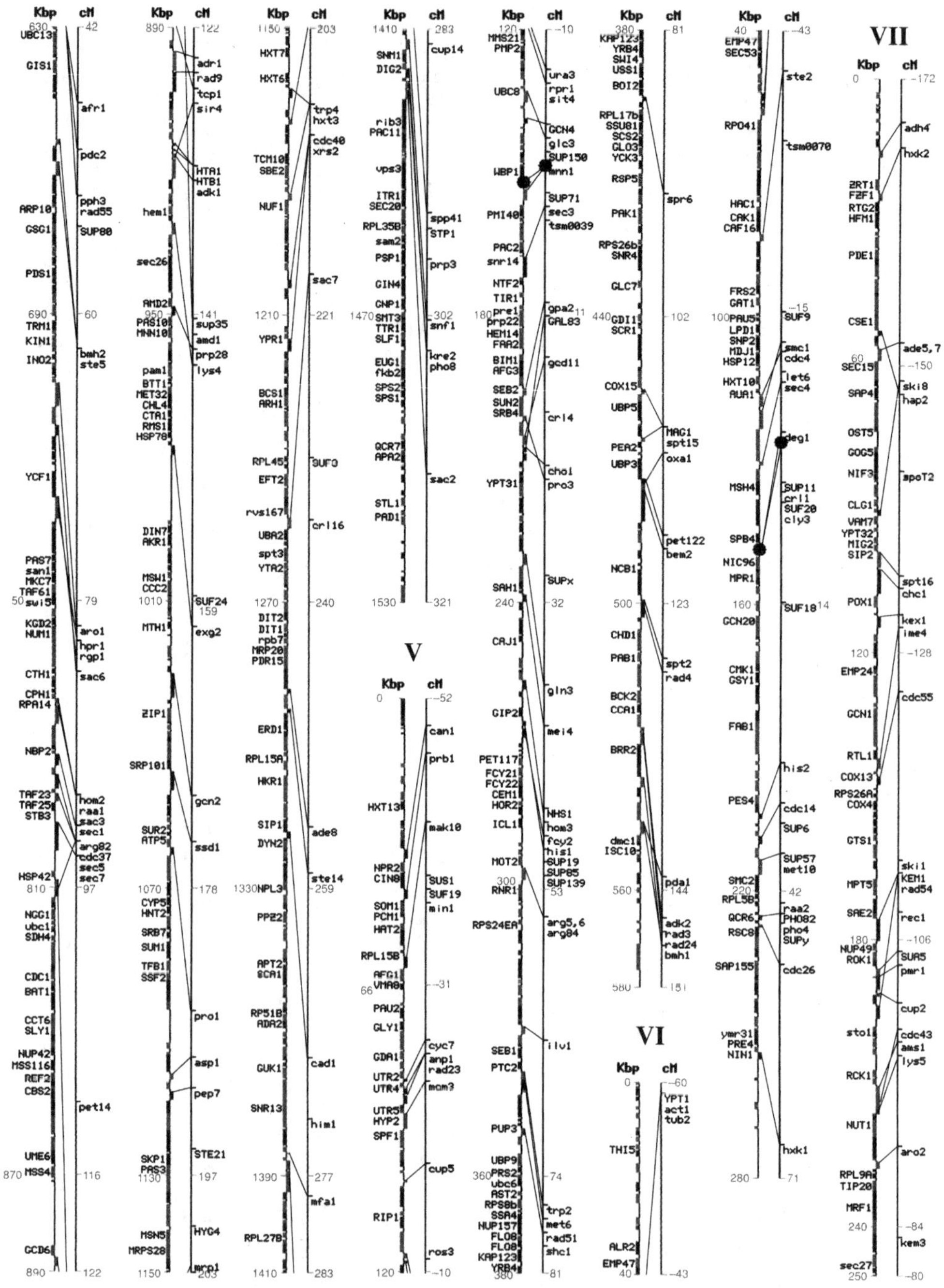
V
VI
VII
Kbp
cM

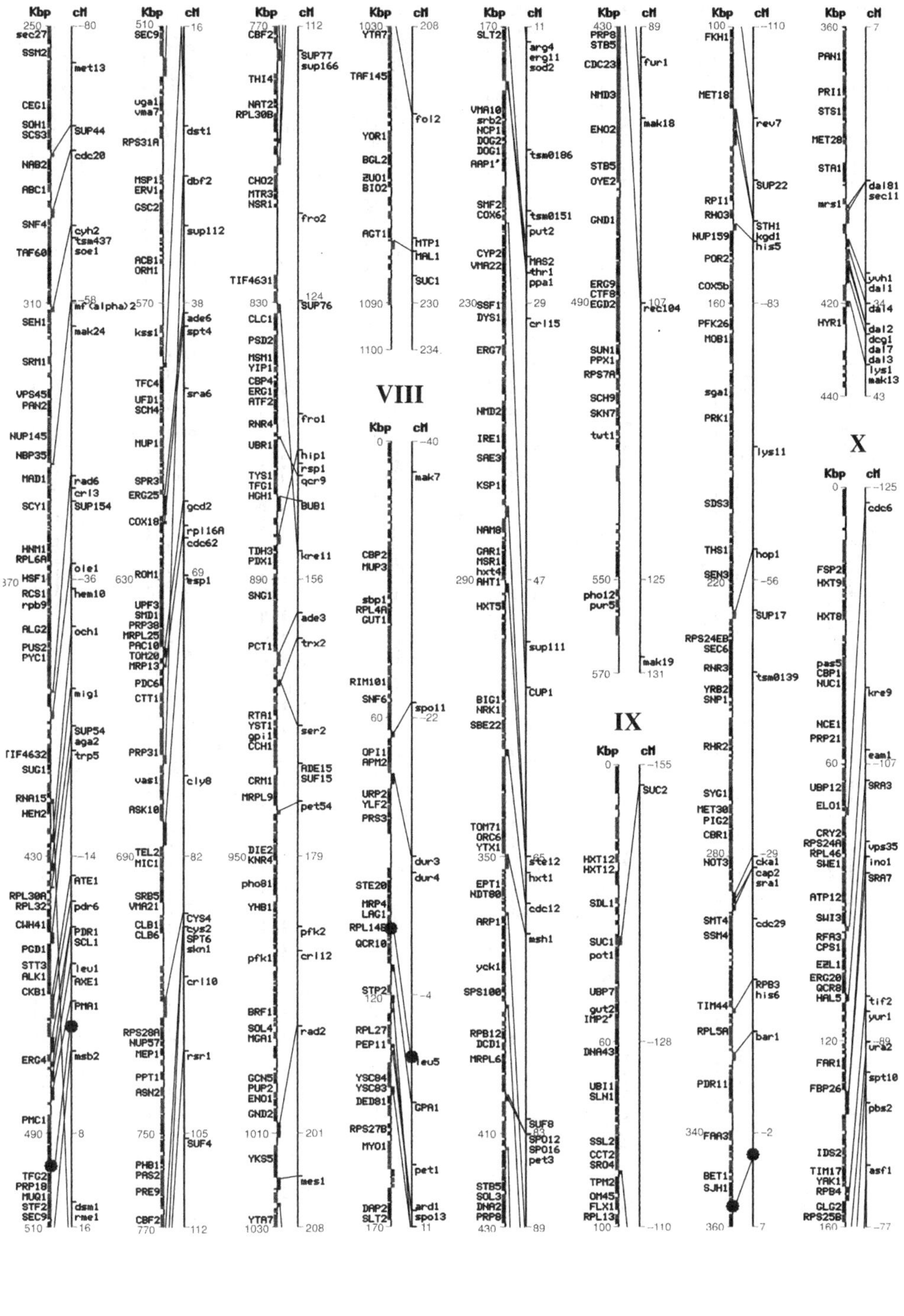
VIII
IX
X
Kbp
cM

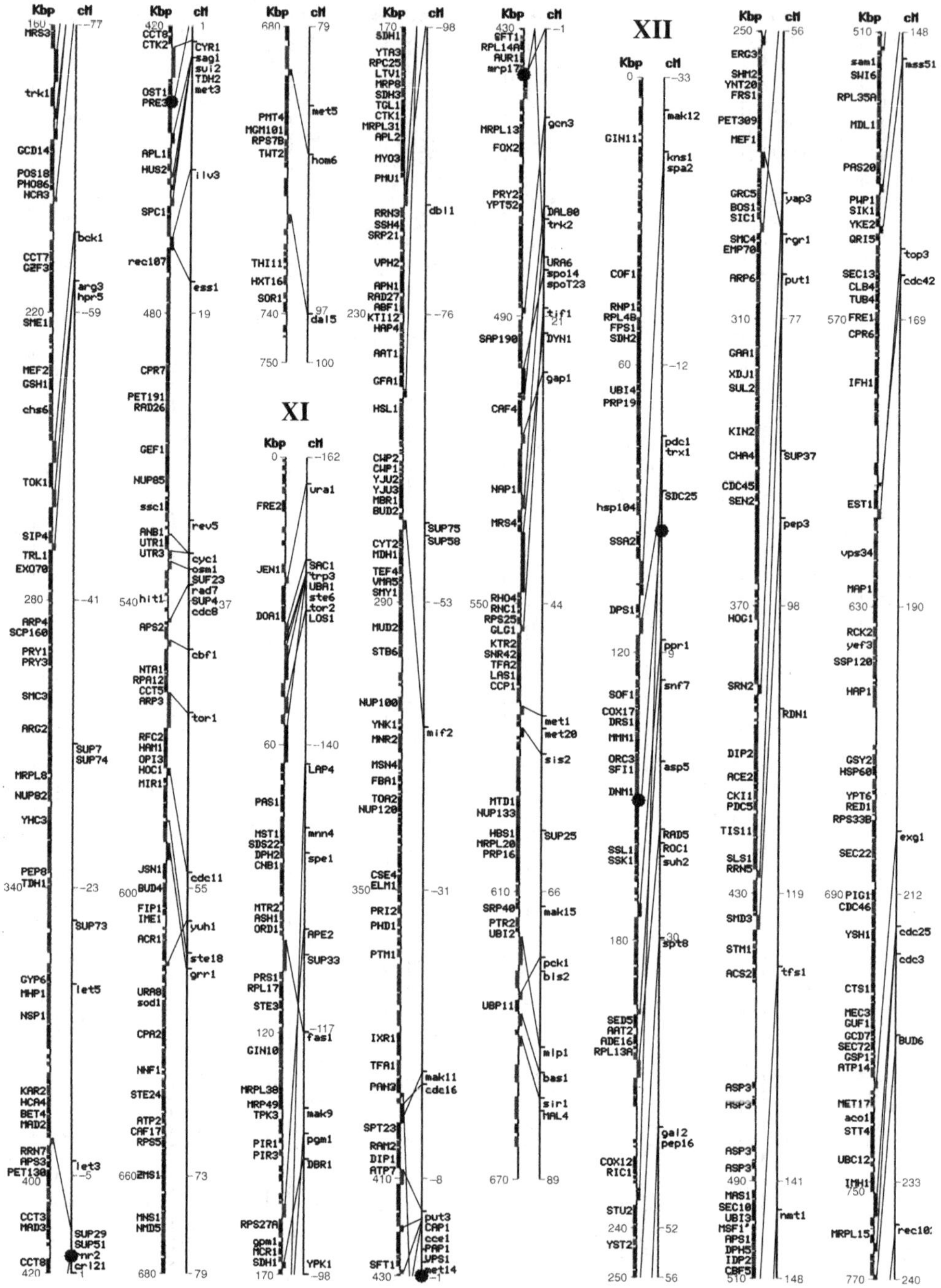
XI
XII
Kbp
cM

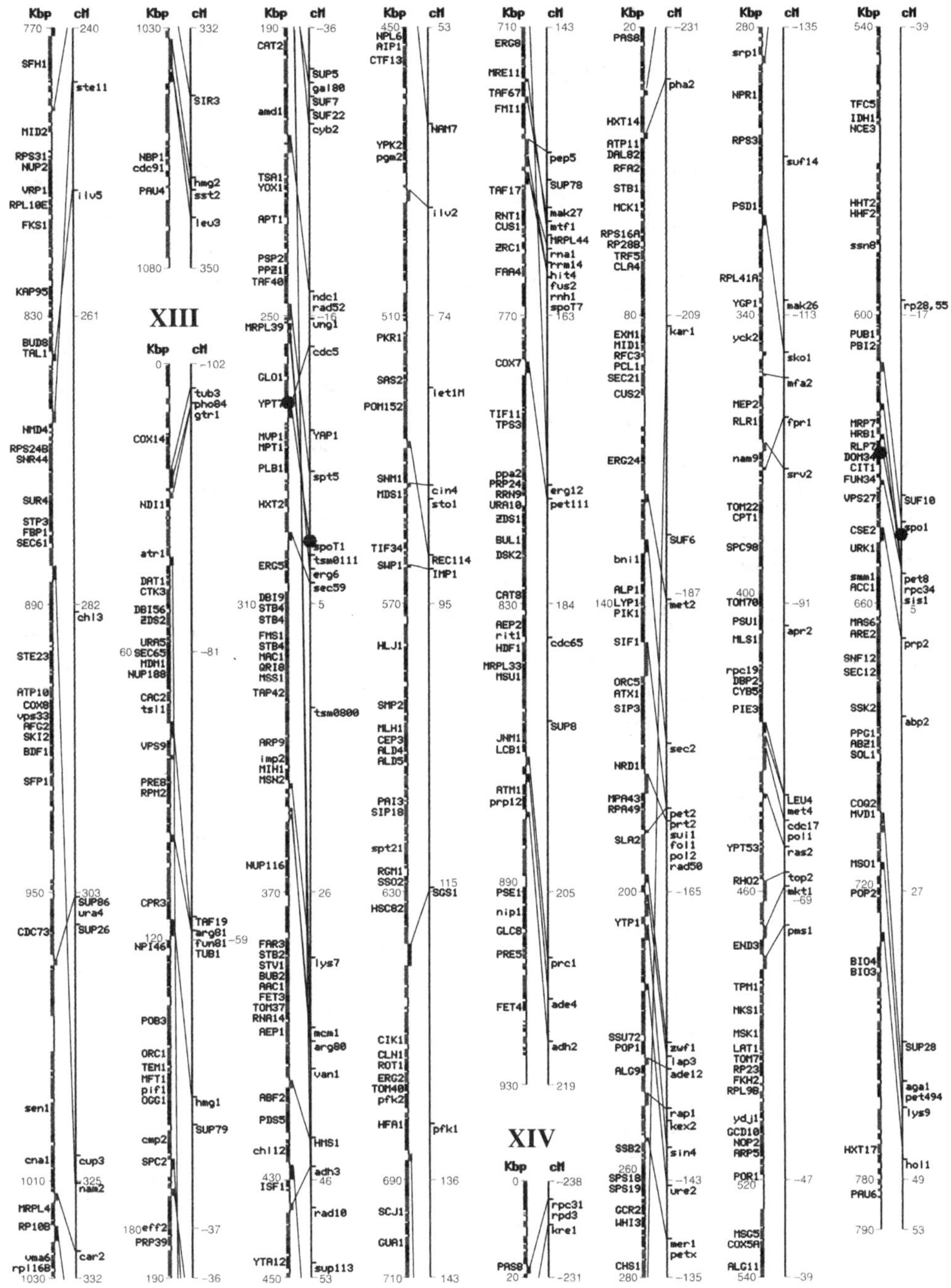

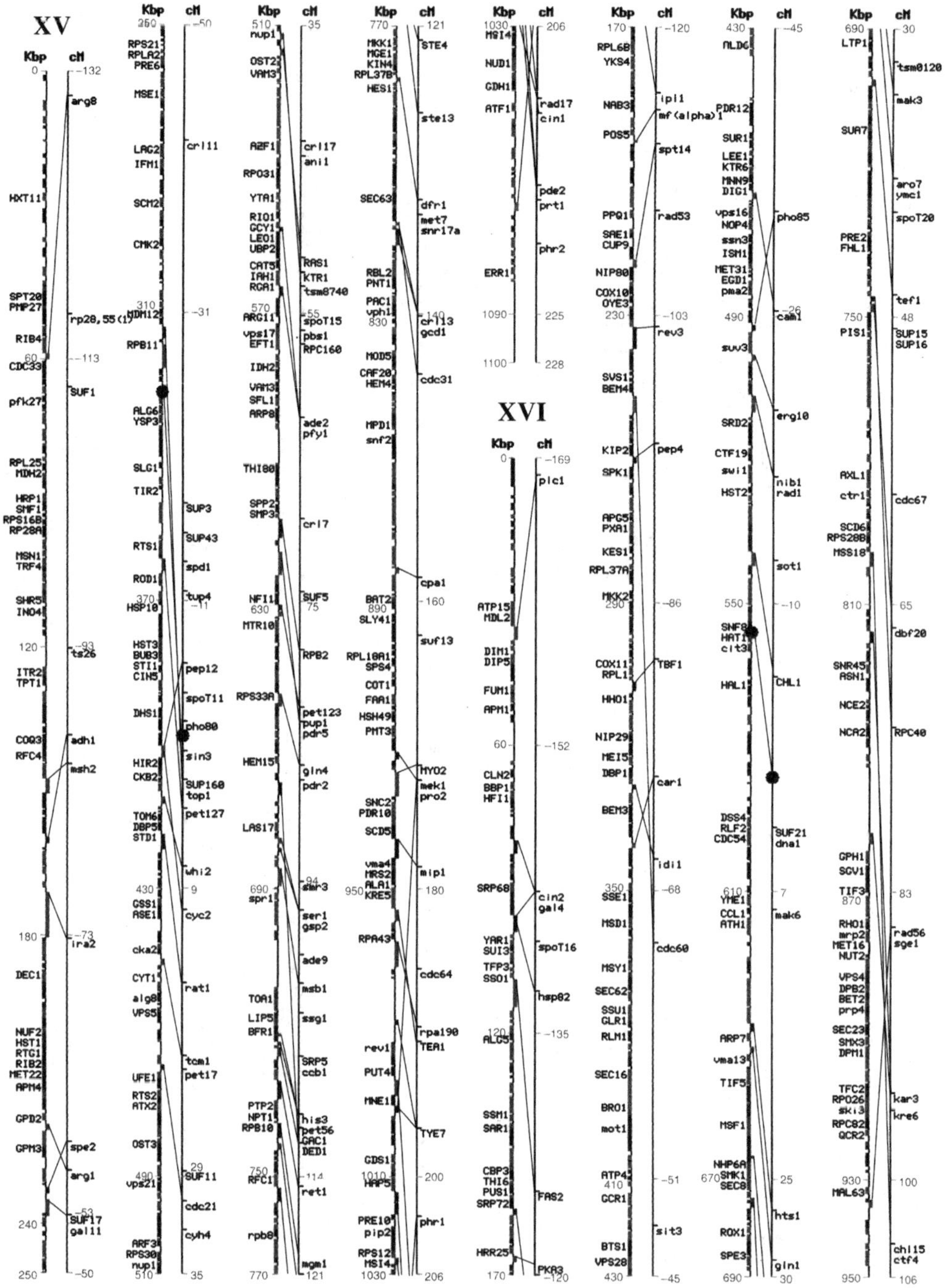

附录 D　平板划线模板

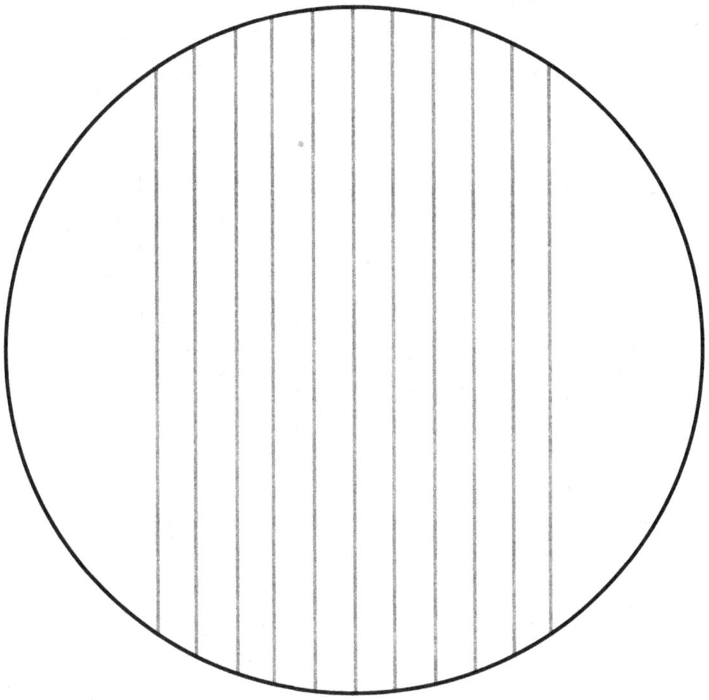

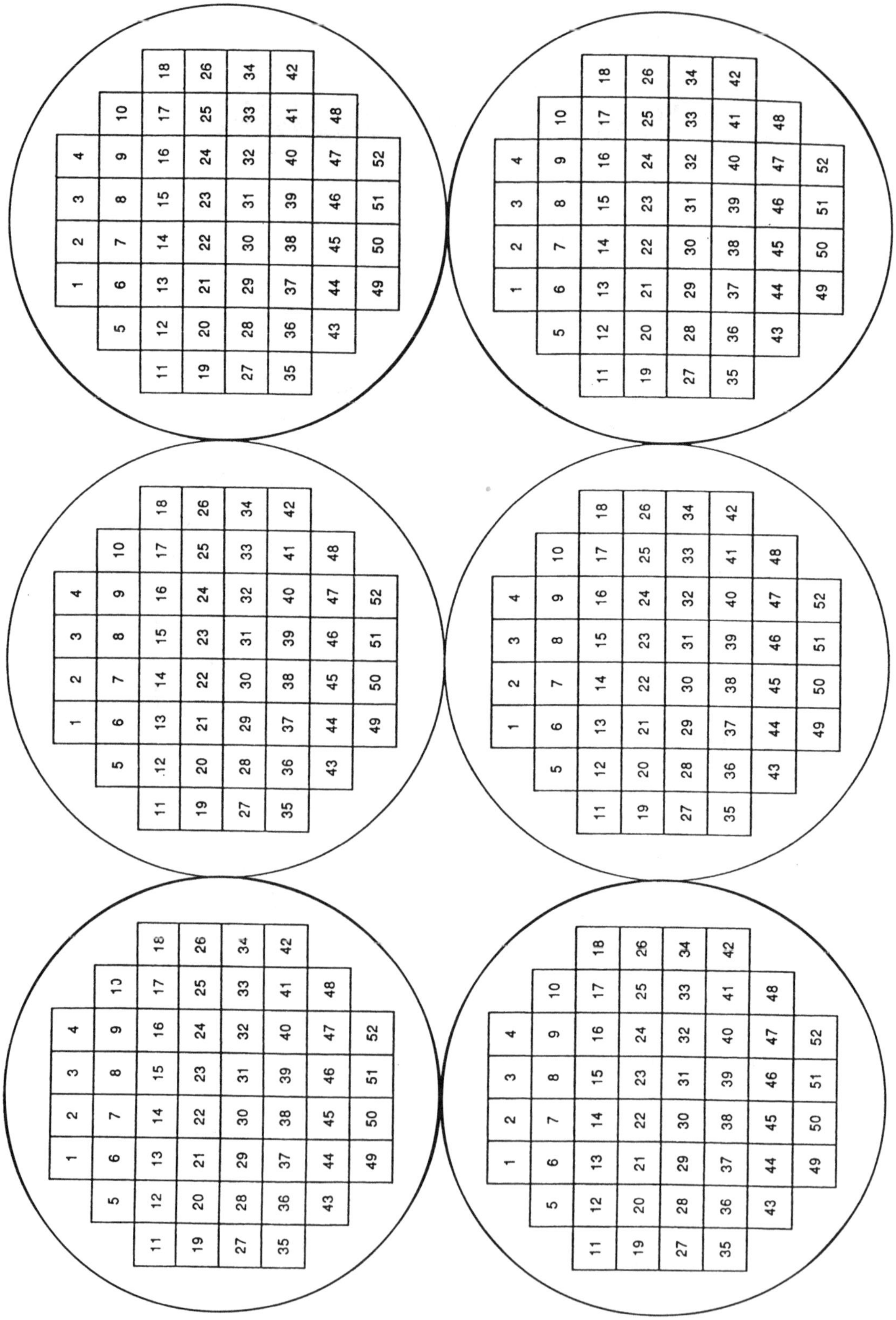

附录 E　菌株核型分析电泳的 Southern 印迹作图

此附录的内容基本上被酵母基因组测序（附录 C，酵母遗传图谱和物理图谱）所取代，但该信息对于用脉冲凝胶电泳来估计整个染色体大小仍然是有用的。

染色体定位

引自 Carle and Olson（1985）。

下表内容以电泳谱带为序排列（电泳迁移率顺次减小）。

电泳谱带	染色体	特异鉴定杂交探针	电泳谱带	染色体	特异鉴定杂交探针
1	Ⅰ	CDC19	7	Ⅹ	URA2
2	Ⅵ	SUP11	8	XIV	SUF10
3	Ⅲ	SUP61	9	Ⅱ	LYS2
4	Ⅸ	SUP17	10A	XⅢ	SUP8
5A	Ⅷ	ARG4	10B	XⅥ	GAL4
5B	Ⅴ	URA3	11A，B	XV，Ⅶ	SUP3，LEU1
6	Ⅺ	URA1	12	Ⅳ	SUP2

指定菌株

菌株	解离双联体	基因型
AB972	（标准）	*MATα trp1*
A364a	5A，5B	*MAT***a** *ura1 lys2 ade2 ade1 his7 tyr1*
YPH45	10A，0B	*MAT***a** *ura3-52 lys2 ade2 trp1-Δ1*

作图菌株

菌株	基因型
YPH80	*MATα ura3-52 lys2 ade⁻ his7 trp1-Δ1*
YPH81	*MAT***a** *ura3-52 lys2 ade⁻ trp1-Δ1*

YPH149 与 YPH152 分别是 YPH80 与 YPH81 的衍生菌，通过两个染色体断裂事件产生。它们的核型与标准核型相比有如下不同：

1）第 11 条带只相当于染色体 XV（无 VII）。

2）衍生于染色体 VII 并携带着丝粒近端的 RAD2 序列的一条染色体片段（$URA3^+$）迁移到谱带 10B 及带 11 之间。

3）衍生于染色体 VII 并携带着丝粒远端的 RAD2 序列的一条染色体片段（$TRP1^+$）迁移到谱带 1 的下方。

注意：生长在基本培养基（选择 URA^+）上的 YPH149 和 YPH152 呈现出一很强的 90kb 染色体片段。

参考文献

Carle G.F. and Olson M.V. 1985. An electrophoretic karyotype for yeast. *Proc. Natl. Acad. Sci.* **82:** 3756–3760.

附录F 菌　　株

实验1　酵母细胞的观察

1-1	FY86	*MATα ura3-52 leu2Δ1 his3Δ200*
1-2	FY23	*MAT***a** *ura3-52 leu2Δ1 trp1Δ63*
1-3	FY23×86	*MAT***a***/αura3-52/ura3-52 leu2Δ1/leu2Δ1 trp1Δ63/TRP1 HIS3/his3Δ200*
1-4	FY23×86×[pTD125]	*MAT***a***/αura3-52/ura3-52 leu2Δ1/leu2Δ1 trp1Δ63/TRP1 HIS3/his3Δ200*[pTD125]
1-5	FY23×86×[pDAb204]	*MAT***a***/αura3-52/ura3-52 leu2Δ1/leu2Δ1 trp1Δ63/TRP1 HIS3/his3Δ200*[pDAb204]
1-6	FY23×86×[pTY20]	*MAT***a***/αura3-52/ura3-52 leu2Δ1/leu2Δ1 trp1Δ63/TRP1 HIS3/his3Δ200*[pTY20]

实验2　营养缺陷型、温度敏感型和紫外敏感型突变株的分离和鉴定

2-1	S288C	*MATα mal gal2*
2-2	D665-1A	*MAT***a**

实验3　减数分裂作图

3-1	GRY2501	*MAT***a***,ura3-52,leu2-3-112,arg4-Δ42,trp2,cyh2*
3-2	GRY2502	*MATα,ura3-52,trp1-289, arg4-ΔBgl* Ⅱ*,ade1*
3-3	3-1×3-2	
3-4	AAY1018	*MAT***a***,his1*
3-5	AAY1017	*MATα,his1*
3-6	GRY2506	*MAT***a***,arg4-Δ42,his3Δ1,trp1-289*
3-7	GRY2507	*MATα,arg4-Δ42,his3Δ1,trp1-289*
3-8	GRY2508	*MAT***a***,arg4-ΔBgl* Ⅱ*,his3Δ1,trp1-289*
3-9	GRY2509	*MATα,arg4-ΔBgl* Ⅱ*,his3Δ1,trp1-289*
3-10	GRY2510	*MAT***a***,trp1-289,ura3-52*
3-11	GRY2511	*MATα,trp1-289,ura3-52*
3-12	GRY2512	*MAT***a***,trp2,ura3-52*
3-13	GRY2513	*MATα,trp2,ura3-52*

实验4　有丝分裂和随机孢子分析

4-1	TSY812	*MATα can1 hom3 leu2 lys2 ura3*

4-2	TSY813	*MAT***a** *ade2 his1 lys2 trp1*
4-3	GRY2426	*MAT***a** *his3Δ1 met15Δ0*
4-4	GRY2427	*MATα his3Δ1 met15Δ0*

实验 5　酵母转化

5-1	TSY623	*MATα ade2-101 his3-Δ200 leu2-3,112 ura3-52*
5-3	TSY1017	*MAT***a** *his3-Δ200 leu2-3,112 trp1-1 ura3-52*
5-4	TSY808	*MAT***a** *lys2-801*

实验 6　合成致死突变型

6-1	BY4741	*MAT***a** *ura3Δ0 his3Δ0 leu2Δ0 met15Δ0 orf* ∷ *G418*（缺失集）
6-2	2466-1	*MATα ura3Δ0 his3Δ0 leu2Δ0 lys2Δ0 cyh2 can1* ∷ P_{STE2}-*his5*$^{+}$ *mad2* ∷ *NAT*

实验 7　基因置换

7-1	BY4741	*MAT***a** *his3Δ1 leu2Δ0 ura3Δ0 met15Δ0*
7-2	2404	*MATα ade2 trp1 leu2 ura3 his3 lys2-801 nde10* ∷ *TRP1* [pRG68]
7-3	BY4741	*MAT***a** *his3Δ1 leu2Δ0 urs3Δ0 met15Δ0*

实验 8　*ras2* 抑制基因的分离

8-1	FY87	*MATα ura3-52 leu2Δ1 his3Δ200*
8-2	DAY229	*MAT***a** *ura3-52 leu2Δ1 trp1Δ63 ras2Δ0* ∷ kan^{r}
8-3	DAY230	*MATα ura3-52 leu2Δ1 his3Δ200 ras2Δ0* ∷ kan^{r}

实验 9　细胞型操作

9-1	NE2	*MATα ura3-52, leu2-3,112*
9-2	AAY1017	*MATα his1*
9-3	AAY1018	*MAT***a** *his1*
9-4	YSC006	*MATα ura3 ade2-1 trp1-1 can1-100 leu2-3,112 his3-11,15* [psi^{+}] GAL^{+}
9-5	YSC005	*MAT***a** *ura3 ade2-1 trp1-1 can1-100 leu2-3,112 his3-11,15* [psi^{+}] GAL^{+}

实验 10　插入诱变法分离突变型

10-1	BY4741	*MAT***a** *his3Δ1 leu2Δ0 ura3Δ0 met15Δ0*

实验 11　用双杂交示差筛选法将分离的功能突变型分离出来

11-1	Y187	*MATα gal4 gal80 his3 trp1-901 ade2-101 ura3-52 leu2-3,*

		112 cyh^{r} P_{GAL}-*lacZ*
11-2	Y190	*MAT***a** *gal4 gal80 his3 trp1-901 ade2-101 ura3-52 leu2-3,112 URA3* ∷ P_{GAL}-*lacZ LYS2* ∷ P_{GAL}-*HIS3 cyh*^{r}
11-3	Y187	*MATα gal4 gal80 his3 trp1-901 ade2-101 ura3-52 leu2-3,112 cyh*^{r} P_{GAL}-*lacZ* [pAIP70]
11-4	Y187	*MATα gal4 gal80 his3 trp1-901 ade2-101 ura3-52 leu2-3,112 cyh*^{r} P_{GAL}-*lacZ* [pJT20]

附录G　用标准血球计数板进行酵母细胞计数

(A. Kistler and S. Michaelis)

用 10×物镜(配 10×目镜)观察,下图中圆圈内所示的"大"方格将充满视野,此方格的容积是 0.1μl。因此,每毫升特定培养物中的细胞数可用下式计算:

细胞数/每个方格$\times 10^4\times$稀释倍数=细胞数/毫升培养物

经允许修改自 Sigma-Aldrich 公司(©1994)。

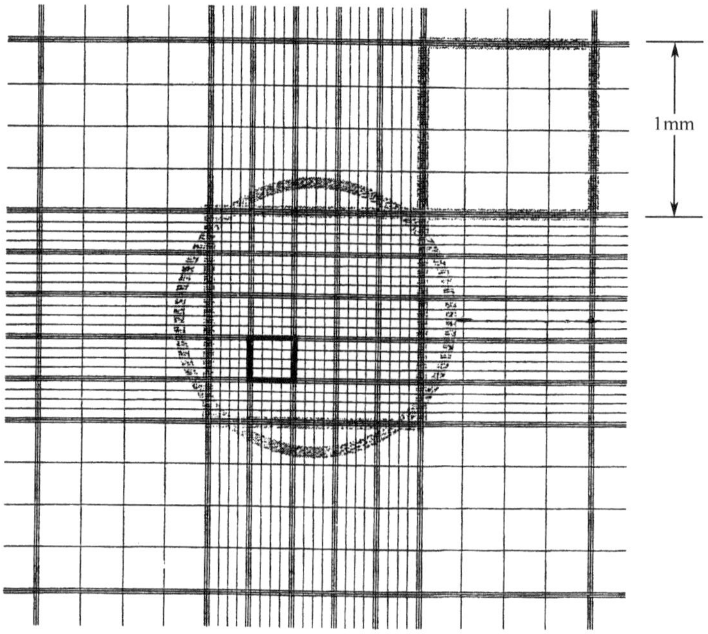

不同酵母培养物中常用细胞数换算表

培养物	OD_{600}	细胞数/(个/ml)	用血球计数板稀释倍数
Sat'd YEPD	25	3×10^8	10^{-2}或 10^{-3}
Log YPD	0.25	3×10^6	10 或 10^{-1}
Sat'd SC-LYS	5	1×10^8	10^{-1}或 10^{-2}

一般来说,最好用 40×物镜,这样视野中只有一部分圈内的方格,即几个"小"方格(上图左下方用粗线标出了一个小方格)可看见,然后数出 5 个小方格内的细胞数,用下式计算:

5 个小方格内的细胞数$\times 5\times 10^4\times$稀释倍数=细胞数/毫升培养物

附录 H　四分孢子计分表

菌株/基因型									
A									
B									
C									
D									
A									
B									
C									
D									
A									
B									
C									
D									
A									
B									
C									
D									
A									
B									
C									
D									
A									
B									
C									
D									
A									
B									
C									
D									
A									
B									
C									
D									
A									
B									
C									
D									
A									
B									
C									
D									